21 世纪高等职业教育计算机技术规划教材

21 ShiJi GaoDeng ZhiYe JiaoYu JiSuanJi JiShu GuiHua JiaoCai

大学计算机基础
实训教程

Daxue Jisuanji Jichu Shixun Jiaocheng

魏玲 吴薇 主编
杨雪飞 副主编

人民邮电出版社

北 京

图书在版编目（CIP）数据

大学计算机基础实训教程 / 魏玲，吴薇主编. -- 北京：人民邮电出版社，2011.9（2016.9重印）
21世纪高等职业教育计算机技术规划教材
ISBN 978-7-115-26252-3

Ⅰ. ①大… Ⅱ. ①魏… ②吴… Ⅲ. ①电子计算机－高等职业教育－教材 Ⅳ. ①TP3

中国版本图书馆CIP数据核字(2011)第173965号

内 容 提 要

本书是高职高专"计算机基础"课程的实训教材。主要内容包括计算机基础知识的测试和答案，Windows 使用、Internet 使用、Word 文字处理、Excel 表格制作、PowerPoint 演示文稿制作、FrontPage 网页制作的实训项目以及 NIT 辅导。本书每章内容都是精心编排的实训任务，操作目标明确，步骤严谨准确、清晰明了。

本书适合作为高等职业院校"计算机基础"课程的实训教材，也可作为计算机初学者的自学参考书。

- ♦ 主　编　魏　玲　吴　薇
  副 主 编　杨雪飞
  责任编辑　桑　珊
- ♦ 人民邮电出版社出版发行　　北京市丰台区成寿寺路 11 号
  邮编　100164　电子邮件　315@ptpress.com.cn
  网址　http://www.ptpress.com.cn
  北京中石油彩色印刷有限责任公司印刷
- ♦ 开本：787×1092　1/16
  印张：9.25　　　　　2011 年 9 月第 1 版
  字数：223 千字　　　2016 年 9 月北京第 7 次印刷

ISBN 978-7-115-26252-3

定价：19.80 元

读者服务热线：(010)81055256　印装质量热线：(010)81055316
反盗版热线：(010)81055315
广告经营许可证：京东工商广字第 8052 号

前　言

信息化是当今世界经济和社会发展的大趋势。计算机基础知识的培养和掌握已经成为拓展人类能力的必要手段。"计算机基础"在高等职业院校的文化课中具有与语文、数学等传统文化课同等重要的地位。本实训教程以帮助学生提高信息素养为主要目的，满足不同专业的学生个性发展为基本理念，全书涵盖了教学基本要求规定的知识点和实训教学内容。在体系结构上突出了基本性、典型性和实践性；以任务的方式让学生学会建立模型、寻找方法，引导学生在问题解决的全过程中得到基础知识的培养和操作技能的全面训练，为后续的程序设计基础、计算机网络技术、图形图像处理等其他计算机相关课程的学习奠定良好的理论和实践基础。本课程的教学目标是根据高职高专"计算机基础"课程教学大纲及《全国计算机职业技能考试》（简称 NIT）对能力素质的要求确定的。通过对本书实训内容的学习和实践，学生可以检验对计算机基础知识的了解程度，有利于其熟练掌握管理文件及资源的操作方法、Internet 的使用方法、Word 文字处理软件的操作、Excel 电子表格制作软件的操作、PowerPoint 演示文稿制作软件的操作，学会制作简单的网站。本书意在培养学生自主学习、协作学习及分析问题、解决问题的实践操作能力，培养并加强学生自主探索学习的意识，相互协作解决问题的意识。

本实训教程从实际出发，为全面培养学生的动手能力设计了 28 个实训项目，比较全面地覆盖了 Office 系列办公软件的各组件操作内容，除此以外还补充了计算机基础知识的测试题目和 NIT 的相关知识点，可以为学生提供"计算机基础"课程学习的全面指导。通过本教程的应用可以使学生能够将课堂中学习的知识、技术在实训中得到验证，加深对相关知识点的理解和掌握，从而做到学以致用。

本书由廊坊职业技术学院计算机科学与工程系部分教师共同编写完成，由魏玲、吴薇任主编，杨雪飞任副主编。第 1 章由魏玲、高冬梅编写，第 2 章由李欣编写，第 3 章由沙学玲编写，第 4.1 节～第 4.4 节、第 4.8 节由何文颖编写，第 4.5 节～第 4.7 节由孟凡志编写，第 5.1 节～第 5.3 节由周宣编写，第 5.4 节～第 5.7 节由吴薇编写，第 6 章由谷峥征编写，第 7 章由邱伟编写，第 8 章由陈利科编写。赵立杰、郭德存也参与了教材的编写工作。全书由张昕负责审核。

由于时间仓促，作者水平有限，书中难免有错误和不妥之处，恳请各位读者和专家批评指正。

编　者

2011 年 6 月

目　录

第1章

计算机基础知识

1.1 计算机基础知识测试

一、单项选择题

1. 世界上第一台电子数字计算机取名为_____。
   A．UNIVAC　　　B．EDSAC　　　C．ENIAC　　　D．EDVAC

2. 以二进制和程序控制为基础的计算机结构是由_____最早提出的。
   A．布尔　　　　B．巴贝奇　　　C．图灵　　　　D．冯·诺依曼

3. 一个完整的微型计算机系统应包括_____。
   A．计算机及外部设备　　　　　　B．主机箱、键盘、显示器和打印机
   C．硬件系统和软件系统　　　　　D．系统软件和系统硬件

4. 十六进制 1000 转换成十进制数是_____。
   A．4096　　　　B．1024　　　　C．2048　　　　D．8192

5. 计算机中所有信息的存储都采用_____。
   A．二进制　　　B．八进制　　　C．十进制　　　D．十六进制

6. 下面说法中，错误的是_____。
   A．常用的计数制有十进制、二进制、八进制和十六进制
   B．计数制是人们利用数学符号按进位原则进行数据大小计算的方法
   C．所有计数制都是按"逢十进一"的原则计数
   D．人们通常根据实际需要和习惯来选择数制

7. 反映计算机存储容量的基本单位是_____。
   A．二进制位　　　　　　　　　　B．字节
   C．字　　　　　　　　　　　　　D．双字

8. 十进制数 15 对应的二进制数是_____。
   A．1111　　　　　　　　　　　　B．1110
   C．1010　　　　　　　　　　　　D．1100

9. 在计算机中，bit 的中文含义是_____。
   A．二进制位　　　　　　　　　　B．字
   C．字节　　　　　　　　　　　　D．双字

10. ENTER 键是_____。
    A．输入键   B．回车换行键
    C．空格键   D．换档键

11. 计算机病毒是一种_____。
    A．特殊的计算机部件
    B．游戏软件
    C．人为编制的特殊程序
    D．能传染的生物病毒

12. 在计算机中，存储容量为 1MB，指的是_____。
    A．1024×1024 个字   B．1024×1024 个字节
    C．1000×1000 个字   D．1000×1000 个字节

13. 二进制数 110101 转换为八进制数是_____。
    A．(71)$_8$ B．(65)$_8$
    C．(56)$_8$ D．(51)$_8$

14. 将二进制数 11011101 转化成十进制是_____。
    A．220   B．221   C．251   D．321

15. 将(10.10111)$_2$转化为十进制数是_____。
    A．2.78175   B．2.71785
    C．2.71875   D．2.81775

16. 将十进制数 215 转换成八进制数是_____。
    A．(327)$_8$ B．(268.75)$_8$
    C．(352)$_8$ D．(326)$_8$

17. 计算机中信息存储的最小单位是_____。
    A．位   B．字长
    C．字   D．字节

18. 计算机网络中，速度最快的传输介质是_____。
    A．同轴电缆   B．双绞线
    C．光缆   D．铜质电缆

19. 3.5 英寸盘的右下角有一个塑料滑片，当移动它盖住缺口时_____。
    A．不能读出原有信息，不能写入新的信息
    B．既能读出原有信息，也能写入新的信息
    C．不能读出原有信息，可以写入新的信息
    D．可以读出原有信息，不能写入新的信息

20. DRAM 存储器的中文含义是_____。
    A．静态随机存储器   B．动态随机存储器
    C．静态只读存储器   D．动态只读存储器

21. 汉字国标码(GB2312—80)规定的汉字编码，每个汉字用_____。
    A．一个字节表示   B．二个字节表示
    C．三个字节表示   D．四个字节表示

22．计算机系统的开机顺序是_____。
　　A．先开主机再开外设　　　　　B．先开显示器再开打印机
　　C．先开主机再打开显示器　　　D．先开外部设备再开主机

23．使用高级语言编写的程序称之为_____。
　　A．源程序　　　　　　　　　　B．编辑程序
　　C．编译程序　　　　　　　　　D．连接程序

24．微型计算机的运算器、控制器及内存存储器的总称是_____。
　　A．CPU　　　　B．ALU　　　　C．主机　　　　D．MPU

25．在计算机中外存储器通常使用硬盘作为存储介质，硬盘中存储的信息，在断电后_____。
　　A．不会丢失　　　　　　　　　B．完全丢失
　　C．少量丢失　　　　　　　　　D．大部分丢失

26．优盘是一种新型辅助存储器，它也称为_____。
　　A．小硬盘　　　　　　　　　　B．微型软盘
　　C．USB 微型光盘　　　　　　　D．USB 移动存储器

27．计算机网络的应用越来越普遍，它的最大好处在于_____。
　　A．节省人力　　　　　　　　　B．存储容量大
　　C．可实现资源共享　　　　　　D．使信息存储速度提高

28．个人计算机属于_____。
　　A．小巨型机　　　　　　　　　B．中型机
　　C．小型机　　　　　　　　　　D．微机

29．微机唯一能够直接识别和处理的语言是_____。
　　A．汇编语言　　　　　　　　　B．高级语言
　　C．甚高级语言　　　　　　　　D．机器语言

30．断电会使原存信息丢失的存储器是_____。
　　A．半导体 RAM　　　　　　　　B．硬盘
　　C．ROM　　　　　　　　　　　D．软盘

31．可靠性最高的网络拓扑结构是_____。
　　A．总线型　　　　　　　　　　B．星型
　　C．环型　　　　　　　　　　　D．网状型

32．硬盘连同驱动器是一种_____。
　　A．内存储器　　　　　　　　　B．外存储器
　　C．只读存储器　　　　　　　　D．半导体存储器

33．在内存中，每个基本单位都被赋予一个唯一的序号，这个序号称之为_____。
　　A．字节　　　　　　　　　　　B．编号
　　C．地址　　　　　　　　　　　D．容量

34．在 Internet 中，主机的 IP 地址与域名的关系是_____。
　　A．IP 地址是域名中部分信息的表示
　　B．域名是 IP 地址中部分信息的表示

C. IP 地址和域名是等价的

D. IP 地址和域名分别表达不同含义

35. 在下列存储器中，访问速度最快的是_____。
   A. 硬盘存储器　　　　　　　B. 软盘存储器
   C. 半导体 RAM(内存储器)　　D. 磁带存储器

36. 计算机软件系统应包括_____。
   A. 编辑软件和连接程序　　　B. 数据软件和管理软件
   C. 程序、数据和文档　　　　D. 系统软件和应用软件

37. 半导体只读存储器(ROM)与半导体随机存储器(RAM)的主要区别在于_____。
   A. ROM 可以永久保存信息，RAM 在掉电后信息会丢失
   B. ROM 掉电后，信息会丢失，RAM 则不会
   C. ROM 是内存储器，RAM 是外存储器
   D. RAM 是内存储器，ROM 是外存储器

38. 计算机病毒是指_____。
   A. 生物病毒感染　　　　　　B. 细菌感染
   C. 被损坏的程序　　　　　　D. 特制的具有损坏性的小程序

39. 下面列出的计算机病毒传播途径，说法不正确的是_____。
   A. 使用来路不明的软件
   B. 通过借用他人的软盘
   C. 通过非法的软件拷贝
   D. 通过把多张软盘叠放在一起

40. 计算机存储器是一种_____。
   A. 运算部件　　　　　　　　B. 输入部件
   C. 输出部件　　　　　　　　D. 记忆部件

41. 在计算机领域中，所说的"裸机"是指_____。
   A. 单片机　　　　　　　　　B. 单板机
   C. 不安装任何软件的计算机　D. 只安装操作系统的计算机

42. 某单位的人事档案管理程序属于_____。
   A. 工具软件　　　　　　　　B. 应用软件
   C. 系统软件　　　　　　　　D. 字表处理软件

43. 计算机中的"DOS"，从软件归类来看，应属于_____。
   A. 应用软件　　　　　　　　B. 工具软件
   C. 系统软件　　　　　　　　D. 编辑系统

44. 在计算机网络中，LAN 网指的是_____。
   A. 局域网　　　　　　　　　B. 广域网
   C. 城域网　　　　　　　　　D. 以太网

45. 当前，在计算机应用方面已进入以_____为特征的时代。
   A. 并行处理技术　　　　　　B. 分布式系统
   C. 微型计算机　　　　　　　D. 计算机网络

46. 微型计算机的发展是以_____的发展为特征的。
　　A．主机　　　　　　　　　　B．软件
　　C．微处理器　　　　　　　　D．控制器

47. 操作系统是_____。
　　A．软件与硬件的接口
　　B．主机与外设的接口
　　C．计算机与用户的接口
　　D．高级语言与机器语言的接口

48. 操作系统文件管理的主要功能是_____。
　　A．实现虚拟存储
　　B．实现按文件内容存储
　　C．实现文件的高速输入输出
　　D．实现按文件名存取

49. 一般操作系统的主要功能是_____。
　　A．对汇编语言、高级语言和甚高级语言进行编译
　　B．管理用各种语言编写的源程序
　　C．管理数据库文件
　　D．控制和管理计算机系统软硬件资源

50. 软盘上原存的有效信息，在下列_____情况下会丢失。
　　A．通过海关的 X 射线监视仪
　　B．放在盒内半年没有使用
　　C．放在强磁场附近
　　D．放在零下 10 摄氏度的库房中

51. 人们把以_____为硬件基本部件的计算机称为第四代计算机。
　　A．大规模和超大规模集成电路　　B．ROM 和 RAM
　　C．小规模集成电路　　　　　　　D．磁带与磁盘

52. 微型计算机中的内存储器，通常采用_____。
　　A．光存储器　　　　　　　　B．磁表面存储器
　　C．半导体存储器　　　　　　D．磁芯存储器

53. 主机板上 CMOS 芯片的主要用途是_____。
　　A．管理内存与 CPU 的通信
　　B．增加内存的容量
　　C．储存时间、日期、硬盘参数与计算机配置信息
　　D．存放基本输入输出系统程序、引导程序和自检程序

54. 显示器显示图像的清晰程度，主要取决于显示器的_____。
　　A．对比度　　　　　　　　　B．亮度
　　C．尺寸　　　　　　　　　　D．分辨率

55. 使计算机病毒传播范围最广的媒介是_____。
　　A．硬磁盘　　　　　　　　　B．软磁盘

C．内部存储器　　　　　　　　　D．互联网

56．微型计算机的微处理器包括_____。
　　A．CPU 和存储器　　　　　　　B．CPU 和控制器
　　C．运算器和累加器　　　　　　D．运算器和控制器

57．微型计算机的性能主要由微处理器的_____决定。
　　A．质量　　　　　　　　　　　B．控制器
　　C．CPU　　　　　　　　　　　D．价格性能比

58．微处理器一般用_____进行分类。
　　A．字长　　　　　　　　　　　B．规格
　　C．性能　　　　　　　　　　　D．价格

59．计算机之所以能实现自动连续运算，是由于采用了_____原理。
　　A．布尔逻辑　　　　　　　　　B．存储程序
　　C．数字电路　　　　　　　　　D．集成电路

60．Cache 的作用是_____。
　　A．减少内存的存取时间
　　B．增加内存的存储容量
　　C．降低 CPU 的成本和提高存取速度
　　D．增加 CPU 的工作可靠性

61．CGA、EGA 和 VGA 标志着_____的不同规格和性能。
　　A．打印机　　　　　　　　　　B．存储器
　　C．显示器　　　　　　　　　　D．硬盘

62．I/O 接口位于_____。
　　A．CPU 和 I/O 设备之间　　　　B．主机和总线之间
　　C．总线和 I/O 设备之间　　　　D．CPU 与存储器之间

63．在 16×16 点阵字库中，存储一个汉字的字模信息需用的字节数是_____。
　　A．8　　　　　　B．16　　　　　　C．32　　　　　　D．64

64．微机中，主机和高速硬盘进行数据交换，一般采用_____。
　　A．程序中断控制　　　　　　　B．程序直接控制
　　C．DMA　　　　　　　　　　　D．IOP

65．下列叙述正确的是_____。
　　A．硬件系统不可用软件代替
　　B．软件不可用硬件代替
　　C．计算机性能完全取决于 CPU
　　D．软件和硬件的界线不是绝对的，有时功能是等效的

66．下列叙述正确的是_____。
　　A．裸机配置应用软件是可运行的
　　B．裸机的第一次扩充要装数据库管理系统
　　C．硬件配置要尽量满足机器的可扩充性
　　D．系统软件好坏决定计算机性能

67. 一台微型计算机的字长为 4 个字节，它表示_____。

　　A．能处理的字符串最多为 4 个 ASCⅡ码字符

　　B．能处理的数值最大为 4 位十进制数 9999

　　C．在 CPU 中运算的结果为 8 的 32 次方

　　D．在 CPU 中作为一个整体加以传送处理的二进制代码为 32 位

68. 计算机病毒主要是造成_____破坏。

　　A．软盘　　　　　　　　　　　　B．磁盘驱动器

　　C．硬盘　　　　　　　　　　　　D．程序和数据

69. 发现病毒后，比较彻底的清除方式是_____。

　　A．用查毒软件处理　　　　　　　B．用杀毒软件处理

　　C．删除磁盘文件　　　　　　　　D．格式化磁盘

70. 防病毒卡能够_____。

　　A．杜绝病毒对计算机的侵害　　　B．自动发现病毒入侵的某些迹象

　　C．自动消除已感染的所有病毒　　D．自动发现并阻止任何病毒的入侵

71. 计算机性能指标之一的内存容量是指_____。

　　A．RAM 的容量　　　　　　　　　B．RAM 和 ROM 的容量

　　C．软盘的容量　　　　　　　　　D．ROM 的容量

72. 在下面关于计算机系统硬件的说法中，不正确的是_____。

　　A．CPU 主要由运算器、控制器和寄存器组成

　　B．当关闭计算机电源后，RAM 中的程序和数据就消失了

　　C．软盘和硬盘上的数据均可由 CPU 直接存取

　　D．软盘和硬盘驱动器既属于输入设备，又属于输出设备

73. 在计算机运行时，把程序和数据同样存放在内存中，这是 1946 年由_____领导的研究小组正式提出并论证的。

　　A．图灵　　　　　　　　　　　　B．布尔

　　C．冯·诺依曼　　　　　　　　　D．爱因斯坦

74. 下列可以把外部音频信号输入计算机内部的设备是_____。

　　A．打印机　　　　B．音箱　　　　C．话筒　　　　D．键盘

75. 下面硬件设备中，哪些不是多媒体硬件系统必须包括的设备_____。

　　A．计算机最基本的硬件设备

　　B．CD-ROM

　　C．音频输入、输出和处理设备

　　D．多媒体通信传输设备

76. 计算机的 CPU 每执行一个_____，就完成一步基本运算或判断。

　　A．语句　　　　　　　　　　　　B．指令

　　C．程序　　　　　　　　　　　　D．软件

77. 计算机能按照人们的意图自动、高速地进行操作，是因为采用了_____。

　　A．存储在内存中的程序　　　　　B．高性能的 CPU

　　C．高级语言　　　　　　　　　　D．机器语言

78. 语言处理程序的发展经历了_____三个发展阶段。
    A. 机器语言、BASIC 语言和 C 语言
    B. 二进制代码语言、机器语言和 FORTRAN 语言
    C. 机器语言、汇编语言和高级语言
    D. 机器语言、汇编语言和 C++语言

79. 当今的信息技术，主要是指_____。
    A. 计算机和网络通信技术　　　　B. 计算机技术
    C. 网络技术　　　　　　　　　　D. 多媒体技术

80. 下面关于 ROM 的说法中，不正确的是_____。
    A. CPU 不能向 ROM 随机写入数据
    B. ROM 中的内容在断电后不会消失
    C. ROM 是只读存储器的英文缩写
    D. ROM 是只读的，所以它不是内存而是外存

81. 在计算机内部用机内码而不用国标码表示汉字的原因是_____。
    A. 有些汉字的国标码不唯一，而机内码唯一
    B. 在有些情况下，国标码有可能造成误解
    C. 机内码比国标码更容易表示
    D. 国标码是国家标准，而机内码是国际标准

82. 以下均属于半导体存储器的是_____。
    A. 软盘和硬盘　　　　　　　　　B. ROM 和软盘
    C. RAM 和硬盘　　　　　　　　　D. ROM 和 RAM

83. 汉字系统中的汉字字库中存放的汉字编码是_____。
    A. 机内码　　B. 输入码　　C. 字形码　　D. 国标码

84. 属于面向对象的程序设计语言是_____。
    A. C　　　　　　　　　　　　　B. FORTRAN
    C. Pascal　　　　　　　　　　　D. JAVA

85. 下列属于输出设备的是_____。
    A. 键盘　　　B. 鼠标　　　C. 音箱　　　D. 扫描仪

86. 采用 16 位编码存储一个汉字时要占用的字节数是_____。
    A. 16　　　　B. 8　　　　C. 2　　　　D. 1

87. 光盘驱动器通过激光束来读取光盘上的数据时，光学头与光盘_____。
    A. 直接接触　　　　　　　　　　B. 不直接接触
    C. 播放 VCD 时接触　　　　　　　D. 有时接触有时不接触

88. 计算机能直接执行的程序是_____。
    A. 源程序　　　　　　　　　　　B. 机器语言程序
    C. 高级语言程序　　　　　　　　D. 汇编语言程序

89. 计算机中的机器数有三种表示方法，下列_____不是。
    A. 反码　　　　　　　　　　　　B. 原码
    C. 补码　　　　　　　　　　　　D. ASCII

90．下列有关存储器读写速度的排列，正确的是_____。

    A．RAM>Cache>硬盘>软盘

    B．Cache>RAM>硬盘>软盘

    C．Cache>硬盘>RAM>软盘

    D．RAM>硬盘>软盘>Cache

91．有关二进制的论述，下面叙述_____是错误的。

    A．二进制数只有 0 和 1 两个数码

    B．二进制运算逢二进一

    C．二进制数各位上的权分别为 1，2，4，…

    D．二进制数只由二位数组成

92．可以播放多媒体教学光盘的计算机中，必须配备的设备是_____。

    A．软盘驱动盘　　　　　　　　　B．扫描仪

    C．光盘驱动器　　　　　　　　　D．彩色打印机

93．将三个大小均为 600KB 的文件直接保存到软盘上，至少需要容量为 1.44M 的软盘_____。

    A．1 张　　　　　B．2 张　　　　　C．3 张　　　　　D．4 张

94．信息处理进入了计算机世界，实质上是进入了_____的世界。

    A．模拟数字　　　　　　　　　　B．十进制数

    C．二进制数　　　　　　　　　　D．抽象数字

95．软盘不能写入只能读出的原因是_____。

    A．新盘未格式化　　　　　　　　B．已使用过的软盘片

    C．写保护　　　　　　　　　　　D．以上均不正确

96．完整的计算机系统包括_____。

    A．硬件系统和软件系统　　　　　B．主机和外部设备

    C．系统程序和应用程序　　　　　D．运算器、存储器和控制器

97．下列选项中，不属于计算机病毒特征的是_____。

    A．破坏性　　　　　　　　　　　B．潜伏性

    C．传染性　　　　　　　　　　　D．免疫性

98．以下操作系统中，不是网络操作系统的是_____。

    A．MS-DOS　　　　　　　　　　B．Windows2000

    C．WindowsNT　　　　　　　　　D．Novell

99．以下存储器的容量中，容量最大的是_____。

    A．1000B　　　　　　　　　　　B．100KB

    C．10GB　　　　　　　　　　　　D．1MB

100．下面有关计算机的叙述中，正确的是_____。

    A．计算机的主机只包括 CPU

    B．计算机程序必须装载到内存中才能执行

    C．计算机必须具有硬盘才能工作

    D．计算机键盘上字母键的排列方式是随机的

二、判断题

1．计算机与其他计算工具的本质区别是它能够存储和控制程序。

2．计算机断电后，机器内部的计时系统将停止工作。

3．在计算机内部，一切信息的存放、处理和传递均采用二进制的形式。

4．回收站用来保存被删除的文件，因此它不占用硬盘的空间。

5．安装在主机箱中的 RAM、ROM 和硬盘属于内存储器，能够携带的软盘和光盘是外存储器。

6．十六进制数是由 0，1，2，…，13，14，15 这 16 种数码组成。

7．在 Internet 的二级域名中，"edu"代表教育机构，"net"代表网络机构。

8．窗口最小化后就等于关闭了窗口。

9．软盘在"写保护"状态下，不能进行读写的操作。

10．Windows 不是唯一的操作系统。

11．常见的 CDROM 光盘不能写但能读。

12．大写锁定键 Capslock 仅对字母键起作用。

13．Alt 和 Ctrl 键不能单独使用，只有配合其他键使用才有意义。

14．病毒对计算机的破坏程度取决于它是操作系统型、外壳型还是入侵型或源代码型。

15．Ctrl+Break 组合键与 Ctrl+Numlock 组合键功能相同。

16．PC 突然断电时，内存中的信息全部丢失，硬盘中的信息不受影响。

17．在计算机的存储器中，内存的存取速度比外存储器要快。

18．16 位字长的计算机是指它具有计算 16 位十进制数的能力。

19．Ctrl+P 组合键与 Ctrl+PrtSc 组合键功能相同。

20．一般说来，4 个光标移动键→、←、↑和↓在各种编辑状态下的作用相同。

21．用 MIPS 来衡量的计算机性能指标是传输速率。

22．"处理器 Pentium Ⅲ/800"字样，其中数字 800 表示"处理器的运算速度是 800MHz"。

23．计算机能直接能识别的语言是汇编语言。

24．操作系统是用户与计算机的接口。

25．一个完整的计算机系统应包括系统软件和应用软件。

26．计算机病毒能使计算机不能正常启动或正常工作。

27．计算机病毒只感染磁盘上的可执行文件。

28．在 Internet 中 "www" 是指 WorldWideWeb。

29．在编辑文件存盘时，屏幕显示 "WriteProtectErrorWritingDrive"，这表示软盘已坏不能使用。

30．磁盘读写数据的方式是顺序式的。

31．若没有解病毒软件，则计算机病毒将无法消除。

32．计算机能够按照人们的意图自动、高速地运行，是因为程序存储在内存中。

33．同轴电缆、双绞线、光纤这些传输介质中，抗干扰能力最强的是双绞线。

34．常用的 CD-ROM 光盘只能读出信息而不能写入信息。

35．计算机病毒也像人体中的有些病毒一样，在传播中发生变异。

36．计算机中访问速度最快的存储器是光盘。

37．只有当满足某种条件时，计算机病毒才能被激活产生破坏作用。

38．多媒体计算机是能综合处理文字、图形、影像与声音等信息的计算机。

39．发送或接收电子邮件（E-mail）的首要条件是要有一个 E-mail 地址，其正确的形式是：用户名@域名。

40．UNIX 是一种操作系统，只负责管理内存储器，而不管理外存储器。

41．计算机病毒的产生是不可避免的。

42．计算机硬件系统一直沿用"冯·诺依曼"结构。

43．计算机病毒是可以造成计算机故障的一个程序逻辑错误。

44．杀毒软件能解除所有计算机病毒。

45．计算机网络不会传播病毒。

46．有了防病毒卡就可避免计算机病毒的感染。

47．一个汉字在计算机中用两个字节来存储。

48．信息技术就是计算机技术。

49．防病毒的措施之一是用户重视知识产权，不要盗版复制软件。

50．在计算机中，磁盘驱动器既可以作为输入设备又可以作为输出设备。

三、填空题

1．在计算机系统中，最基本的输入/输出模块 BIOS 存放在_____。

2．计算机硬件主要包括主机和_____设备。

3．第_____代计算机逻辑元件采用的是大规模、超大规模集成电路。

4．世界上第一台电子计算机于_____年诞生。

5．80286 的 CPU 字长是_____，而"奔腾"机的 CPU 字长是_____位。

6．内存可以分为_____和_____，其中用来存储固定不变的信息是只读存储器。

7．汉字国标码规定了一级汉字_____个，二级汉字_____个。

8．每个汉字机内码至少占_____个字节，每个字节最高位为_____。

9．计算机的特性是_____、_____、_____及_____。

10．若字母 a 的 ASCII 码为十六进制数 61，字母 e 的 ASCII 码为十六进制数_____。

11．冯·诺依曼结构计算机的特点是_____、_____、_____。

12．汉字国际码从本质上讲是一种_____码。

13．存储 120 个 64×64 点阵的汉字，需要占_____KB 存储空间。

14．与十进制数 100 等值的十六进制数是_____，八进制数是_____，二进制数是_____。

15．计算计的软件系统通常分成_____软件和_____软件。

16．字长是计算机_____次能处理的_____进制位数。

17．计算机总线是连接计算机中各部件的一簇公共信号线，由_____总线、_____总线及_____总线组成。

18．计算机的硬件系统核心是_____，它是由_____和_____两部分组成的。

19．计算机的硬件系统是由_____、_____、_____、_____、_____组成的。

20．用_____编制的程序计算机能直接识别。

21．在系统软件中，必须首先配置_____。

22．CPU 按指令计数器的内容访问主存，取出的信息是_____；按操作数地址访问主存，取出的信息是_____。

23．磁盘上各磁道长度不同，每圈磁道容量_____，内圈磁道的存储密度_____外圈磁道的存储密度。

24．完整的磁盘文件名是由_____和_____组成的。

25．在微型计算机组成中，最基本的输入设备是_____，输出设备是_____。

26．将高级语言编写的源程序转换成目标程序的过程，称为_____。

27．微型计算机的_____性是指平均无故障工作时间。

28．_____性是计算机病毒最基本的特征，也是计算机病毒与正常程序的本质区别。

29．用任何计算机高级语言编写的程序（未经过编译）习惯上称为_____。

30．计算机指令是由_____和_____组成的。

1.2　计算机基础知识测试答案

一、单项选择题

1	C	2	D	3	C	4	A	5	A	6	C	7	B	8	A	9	A	10	B
11	C	12	B	13	B	14	B	15	C	16	A	17	A	18	C	19	B	20	B
21	B	22	D	23	A	24	C	25	A	26	D	27	C	28	D	29	D	30	A
31	D	32	B	33	C	34	C	35	C	36	D	37	A	38	D	39	D	40	D
41	C	42	B	43	C	44	A	45	D	46	C	47	C	48	D	49	D	50	C
51	A	52	C	53	C	54	D	55	D	56	D	57	C	58	A	59	B	60	C
61	C	62	D	63	C	64	C	65	D	66	C	67	D	68	D	69	D	70	C
71	B	72	C	73	C	74	C	75	D	76	B	77	A	78	C	79	A	80	D
81	B	82	D	83	C	84	C	85	C	86	D	87	D	88	B	89	D	90	C
91	D	92	C	93	B	94	C	95	C	96	A	97	D	98	A	99	C	100	B

二、判断题

1	√	2	×	3	√	4	×	5	×	6	×	7	√	8	×	9	×	10	√
11	√	12	√	13	√	14	×	15	×	16	√	17	√	18	×	19	×	20	√
21	×	22	×	23	√	24	√	25	×	26	√	27	√	28	√	29	×	30	×
31	×	32	√	33	×	34	√	35	√	36	√	37	√	38	√	39	√	40	×
41	√	42	√	43	×	44	×	45	×	46	×	47	√	48	×	49	√	50	√

三、填空题

1．ROM

2．外部

3．四

4．1946

5．16、64

6．只读存储器（ROM）、随机存取存储器（RAM）

7．3755、3008

8．2、1

9．快速性、通用性、准确性、逻辑性

10．65

11．由五大部件组成、使用二进制、存储程序

12．交换码

13．60

14．64、144、01100100

15．系统、应用、控制

16．一、二

17．地址、数据

18．中央处理器（或 CPU）、运算器、控制器

19．运算器、控制器、存储器、输入设备、输出设备

20．机器语言

21．操作系统

22．指令、操作数

23．相同、大于

24．文件名、扩展名

25．键盘、显示器

26．编译

27．可靠

28．传染

29．源程序

30．操作码、地址码

第 2 章

Windows 应用

2.1 文件管理

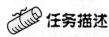
在日常的学习中，学生为了能够方便地使用计算机来管理自己的文件，经常要对磁盘和文件夹进行一些必要的操作。

实现方案

1. 对 E 盘进行格式化并查看其信息。
2. 在 E 盘建立文件夹并命名。
3. 在 C 盘查找所有的 Word 文件并将其复制到"文本文档"文件夹。
4. 建立画图文件 mypicture.bmp 并将其保存到"图片"文件夹。
5. 利用磁盘清理清除 E 盘回收站的内容。
6. 对 E 盘进行磁盘碎片整理。

相关知识点

- 磁盘的格式化、信息查看、磁盘清理和磁盘碎片整理。
- 文件夹的建立、命名、移动和复制。
- 文件的命名、建立、保存、查找、选择、移动和复制。

操作步骤

1. 对 E 盘进行格式化并查看其信息

（1）双击"我的电脑"图标，打开"我的电脑"窗口。

（2）选中 E 盘，单击鼠标右键，在弹出的快捷菜单中选择"格式化"命令，打开"格式化"对话框，如图 2-1 所示。

（3）在"格式化"对话框中进行设置后，单击"开始"按钮进行格式化。

（4）选中 E 盘，单击鼠标右键，在弹出的快捷菜单中选择"属性"命令，打开"属性"对话框，如图 2-2 所示，可查看 E 盘属性。

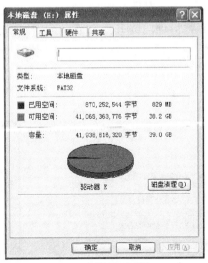

图 2-1　"格式化"对话框　　　　　　图 2-2　"属性"对话框

2．在 E 盘建立文件夹并命名

（1）在"我的电脑"窗口中，双击 E 盘图标，打开 E 盘窗口。

（2）在 E 盘窗口的空白处单击鼠标右键，在弹出的快捷菜单中选择"新建"→"文件夹"命令，建立图 2-3 所示的文件夹结构，并对其进行命名。

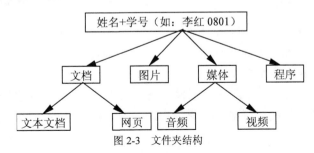

图 2-3　文件夹结构

3．在 C 盘查找所有的 Word 文件并将其复制到"文本文档"文件夹中

（1）双击"我的电脑"图标，在打开的"我的电脑"窗口中双击 C 盘图标，打开"本地磁盘（C:）"窗口。

（2）在"本地磁盘（C:）"窗口中，单击常用工具栏中的"搜索"按钮，打开"搜索助理"窗口，在询问"要查找什么"中选择"所有文件和文件夹"，然后在"全部或部分文件名"文本框中输入"*.doc"，如图 2-4 所示，最后单击"搜索"按钮即可找到 C 盘所有的 Word 文档。

（3）搜索完成后，单击"编辑"菜单中的"全选"命令，选择所有的 Word 文档，执行"复制"命令。

（4）打开 E 盘中的刚刚建立的"文本文档"文件夹，执行"粘贴"命令即可。

4．建立画图文件 mypicture.bmp 并保存到"图片"文件夹中

（1）选择"开始"→"程序"→"附件"→"画图"命令，启动画图程序。

（2）根据自己的喜好，随意画一幅图。

（3）完成之后，选择"文件"→"另存为"命令，在弹出的"保存为"对话框中，选择保存的路径——E 盘刚刚建立的"图片"文件夹，并在文件名文本框中输入"mypicture.bmp"，最后单击"保存"按钮即可。

5．利用磁盘清理清除 E 盘回收站的内容

（1）选择"开始"→"程序"→"附件"→"系统工具"→"磁盘清理命令"。

（2）打开"选择驱动器"对话框，在下拉列表中选择要进行清理的驱动器 E 盘，单击"确定"按钮，弹出如图 2-5 所示的"磁盘清理"对话框。

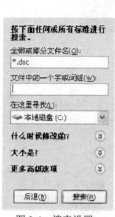

图 2-4　搜索设置

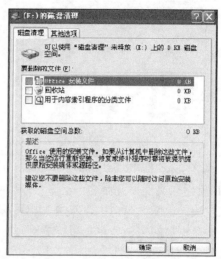

图 2-5　"磁盘清理"对话框

（3）在"要删除的文件"列表框中选择"回收站"前面的复选框，单击"确定"按钮，在弹出的"磁盘清理"确认对话框中单击"是"按钮即可。

6．对 E 盘进行磁盘碎片整理

（1）选择"开始"→"程序"→"附件"→"系统工具"→"磁盘碎片整理程序"命令。

（2）打开图 2-6 所示的"磁盘碎片整理程序"对话框，选择 E 盘，单击"碎片整理"按钮即可。

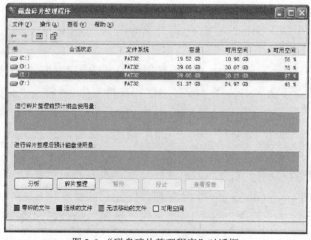

图 2-6　"磁盘碎片整理程序"对话框

2.2　OS 设置管理

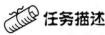 **任务描述**

办公人员张明刚刚为计算机安装了 Windows XP 操作系统，为了使自己的工作更加方便，他先要对计算机进行一些必要的设置。

实现方案

1. 将任务栏拖动到屏幕左侧并设置开始菜单为 Windows 经典方式。
2. 将桌面 Word 快捷方式添加到任务栏的快速启动栏。
3. 将系统日期和时间修改为当前实际的日期和时间。
4. 将 D 盘的图片 mypicture.jpg 设置为桌面背景。
5. 将屏保设置为三维文字"不要随意动我电脑"等待 10 分钟，并添加密码保护。
6. 将屏幕分辨率设置为 1024 像素×768 像素，颜色质量设置为最高（32 位）。
7. 添加 86 版五笔输入法。
8. 在计算机 LPT1 口安装 HP-laserJet4 打印机并将其设置为默认打印机。
9. 利用已经申请好的用户名和密码建立宽带连接。
10. 建立工作组 mygroup 并配置 IP 地址。
11. 将本机 E 盘设为共享，供 mygroup 工作组中的其他计算机访问。

相关知识点

- ■　任务栏的组成与设置。
- ■　系统日期和时间的更改。
- ■　计算机显示的设置。
- ■　输入法与打印机的添加。
- ■　宽带连接的建立、局域网共享的设置。

操作步骤

1. 将任务栏拖动到屏幕左侧并设置开始菜单为 Windows 经典方式

（1）在任务栏上单击鼠标右键，在弹出的快捷菜单中选择"属性"命令，打开"任务栏和「开始」菜单属性"对话框，在该对话框中的"任务栏"选项卡中将"锁定任务栏"前面的复选框取消，如图 2-7 所示。

（2）单击"任务栏和「开始」菜单属性"对话框中的"「开始」菜单"选项卡，单击"经典「开始」菜单"单选按钮，如图 2-8 所示，单击"确定"按钮。

（3）在任务栏上按住鼠标左键将其拖动到屏幕左侧即可。

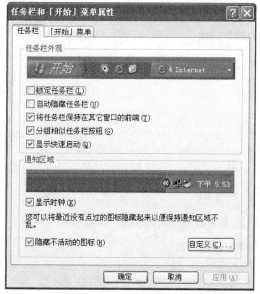

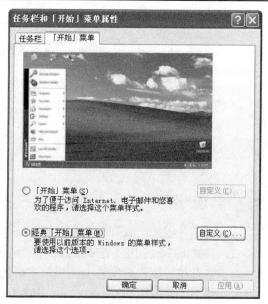

图 2-7 任务栏设置   图 2-8 经典开始菜单

2．将桌面 Word 快捷方式添加到任务栏的快速启动栏

用鼠标将桌面上的 Word 快捷方式拖动到任务栏的快速启动栏上即可。

3．将系统日期和时间修改为当前实际的日期和时间

鼠标双击任务栏右侧的时间区域，弹出如图 2-9 所示的"日期和时间 属性"对话框，在"日期和时间"选项卡中调整日期和时间即可，最后单击"确定"按钮即可。

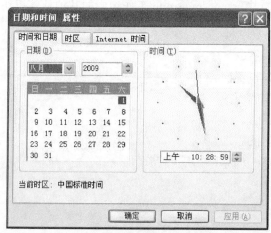

图 2-9 "日期和时间 属性"对话框

4．将 D 盘的图片 mypicture.jpg 设置为桌面背景

在桌面的空白处单击鼠标右键，在弹出的快捷菜单中选择"属性"命令，打开"显示 属性"对话框，选择"桌面"选项卡，单击"浏览"按钮，在弹出的"浏览"对话框中，选择 D 盘下的图片 mypicture.jpg，单击"打开"按钮，设置完成后单击"确定"按钮即可。

5．将屏保设置为三维文字"不要随意动我电脑"等待 10 分钟，并添加密码保护

（1）打开"显示 属性"对话框，选择其中的"屏幕保护程序"选项卡，打开图 2-10 所

示的界面。

（2）在"屏幕保护程序"的下拉列表中选择"三维文字"，单击右侧的"设置"按钮，在弹出的"三维文字设置"对话框中的"自定义文字"文本框中输入"不要随意动我的电脑"，单击"确定"按钮返回"屏幕保护程序"选项卡界面。

（3）在"等待（W）"文本框中选择"10 分钟"，并选中"在恢复时使用密码保护"复选框，单击"确定"按钮即可。（注：恢复时的密码为用户账号密码，可在"控制面板"→"用户帐户"中进行设置。）

6．将屏幕分辨率分辨率设置为 1024 像素×768 像素，颜色质量为最高（32 位）

打开"显示 属性"对话框，选择其中的"设置"选项卡，在设置画面中拖动"屏幕分辨率"下的滚动块，将屏幕分辨率调整到 1024 像素×768 像素，在"颜色质量"下拉列表框中选择"最高（32 位）"，如图 2-11 所示，设置完成后单击"确定"按钮即可。

图 2-10　设置"屏幕保护程序"

图 2-11　设置"显示"属性

7．添加 86 版五笔输入法

（1）选择"开始"→"设置"→"控制面板"命令，启动"控制面板"窗口，双击"日期、时间、语言和区域设置"图标，打开"日期、时间、区域和语言选项"窗口，双击其中的"区域和语言选项"图标，打开"区域和语言选项"对话框。

（2）单击"语言"选项卡，单击"文字服务和输入语言"项目下的"详细信息"按钮，进入图 2-12 所示的"文字服务和输入语言"对话框。

（3）单击"添加"按钮，打开"添加输入语言"对话框，如图 2-13 所示，在"输入语言"下拉列表框中选择"中文（中国）"，选中"键盘布局/输入法"前面的复选框，并在其下拉列表中选择"中文（简体）-王码五笔型 86 版"命令，单击"确定"按钮即可。

8．在计算机 LPT1 口安装 HP LaserJet 4 打印机并将其设置为默认打印机

（1）选择"开始"→"设置"→"打印机和传真"命令，启动"打印机和传真"窗口。

图 2-12　输入法的添加

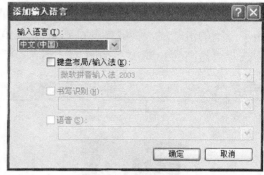

图 2-13　添加输入语言

（2）选择"打印机任务"中"添加打印机"命令，启动"打印机向导"对话框，单击"下一步"按钮。

（3）选择"连接到此计算机的本地打印机"命令，单击"下一步"按钮。

（4）在弹出的界面中，选择"使用以下端口"单选按钮，并选择其下拉列表中的"LPT1：（推荐的打印机端口）"命令，如图 2-14 所示，并单击"下一步"按钮。

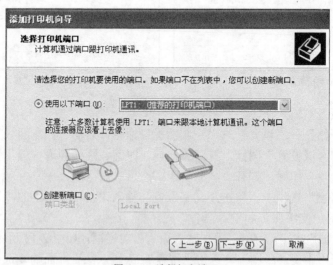

图 2-14　选择打印端口

（5）在弹出的界面中，选择"厂商"下拉列表中的"HP"命令，在右侧的"打印机"下拉列表中选择打印机型号"HP LaserJet 4"，如图 2-15 所示，并单击"下一步"按钮。

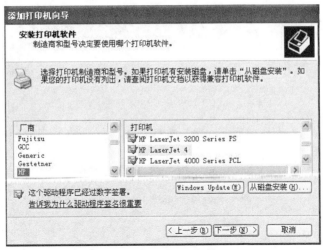

图 2-15　安装打印软件

（6）在弹出的界面中，单击"是否希望将这台打印机设置为默认打印"下面的"是"单选按钮，单击"下一步"按钮。

（7）在弹出的界面中，选择"是否打印测试页"命令下的"否"按钮，并单击"下一步"按钮。

（8）在弹出的最后界面中，单击"完成"按钮即可。

9．利用已经申请好的用户名和密码建立宽带连接

（1）在桌面上鼠标右键单击"网上邻居"图标，在弹出的快捷菜单中选择"属性"命令，打开"网络连接"窗口。

（2）在"网络连接"窗口左侧的"网络任务"快捷任务栏中选择"创建一个新的连接"选项，打开如图 2-16 所示的"新建连接向导"对话框。

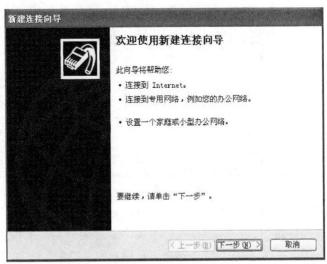

图 2-16　欢迎使用连接向导

（3）单击"下一步"按钮，打开"网络连接类型"对话框，选中"连接到 Internet"单选按钮，如图 2-17 所示。

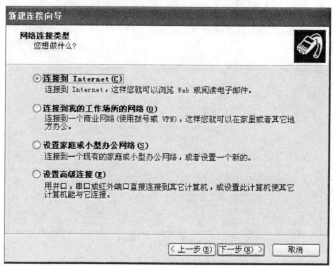

图 2-17　网络连接类型

（4）单击"下一步"按钮，打开"准备好"对话框，选中"手动设置我的连接"单选按钮，如图 2-18 所示。

（5）单击"下一步"按钮，打开"Internet 连接"对话框，选中"用要求用户名和密码的宽带连接来连接"单选按钮。

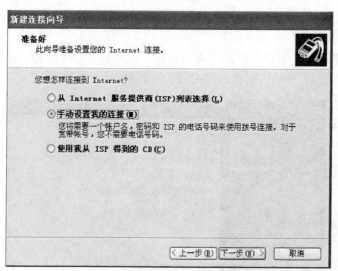

图 2-18　选择连接

（6）单击"下一步"按钮，打开"连接名"对话框，在"ISP 名称"下的文本框内输入连接的名称（如"我的连接"）。

（7）单击"下一步"按钮，打开"Internet 账户信息"对话框，输入已申请好的用户名和密码，如图 2-19 所示。

（8）单击"下一步"按钮，打开"正在完成新建连接向导"对话框，单击"完成"按钮即可。

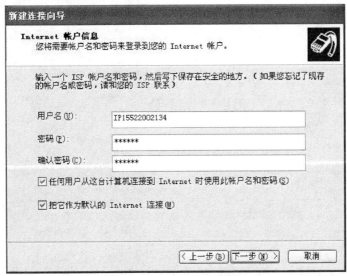

图 2-19 Internet 账户信息

10. 建立工作组 mygroup 并配置 IP 地址

（1）在桌面上鼠标右键单击"我的电脑"，在弹出的快捷菜单中选择"属性"命令，打开"系统属性"对话框。

（2）在"系统属性"对话框中选择"计算机名"选项卡，单击"更改"按钮，弹出"计算机名更改"对话框。

（3）选择"隶属于"下面的"工作组"单选按钮，并在其下面的文本框中输入工作组的名称"mygroup"，如图 2-20 所示。

（4）单击"确定"按钮，弹出"欢迎加入 MYGROUP 工作组"的提示，单击"确定"按钮，然后弹出"要使更改生效，必须重新启动计算机"提示对话框。单击"确定"按钮，重新启动计算机。

（5）鼠标右键单击桌面上的"网上邻居"图标，在弹出的快捷菜单中选择"属性"命令，打开"网络连接"窗口。

（6）在"网络连接"窗口鼠标右键单击"本地连接"图标，在弹出的快捷菜单中选择"属性"命令，打开"本地连接 属性"对话框。

（7）在"本地连接 属性"对话框中选择"常规"选项卡中的"Internet 协议（TCP/IP）"复选框，如图 2-21 所示。

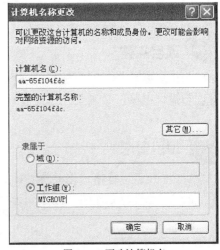

图 2-20 更改计算机名

（8）单击"属性"按钮，弹出"Internet 协议（TCP/IP）属性"对话框，选择"常规"选项卡中的"使用下面的 IP 地址"单选按钮，填入相应的 IP 地址和子网掩码等信息，如图 2-22 所示。

（9）单击"确定"按钮，返回"本地连接 属性"对话框，单击"确定"按钮即可。

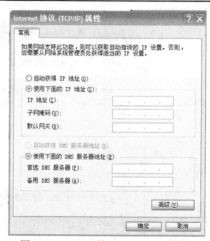

图 2-21 本地连接属性　　　　　　图 2-22 Internet 协议（TCP/IP）属性

11．将本机 E 盘设为共享供 mygroup 工作组中的其他计算机访问

（1）打开"我的电脑"，鼠标右键单击"本地磁盘（E：）"图标，在弹出的快捷菜单中选择"共享和安全"命令，弹出"本地磁盘（E）属性"对话框。

（2）选择"共享"选项卡，选择"共享此文件夹"单选按钮，单击"确定"按钮。

（3）在 mygroup 工作组中任意一台计算机中用鼠标左键单击"开始"按钮，在弹出的"菜单"中选择"运行"命令，弹出"运行"对话框，输入形如"\\192.168.0.10\e$"的命令，单击"确定"按钮，即可打开共享的内容。

2.3 实 训 项 目

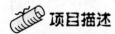

项目描述

为了更好地学习计算机相关课程，很多学生购置了计算机，为了在以后的学习中更好地管理与操作电脑，必须要先对计算机中的文件和系统进行相关设置。

项目要求

1．将 E 盘进行格式化并将卷标名改为"我的文件"。

2．在 E 盘建立如图 2-23 所示的文件夹并命名。

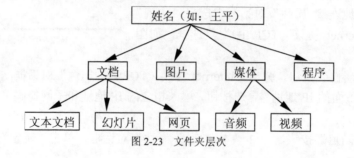

图 2-23 文件夹层次

3．利用文件的搜索功能，搜索计算机中的所有文本文档、幻灯片、图片、音频文件，并将这些文件分别复制到刚刚建立的文件夹中。（提示：使用通配符。）

4．将 Windows 的开始菜单设置为经典样式。

5．调整系统的日期与时间。（要求与当前实际的日期时间相同。）

6．分别在桌面上建立 Word、Excel、Powerpoint 程序的快捷方式，并将 Word 的快捷方式添加到任务栏中的快速启动栏中。

7．向输入法中添加 98 版五笔输入法。

8．根据个人喜好改变桌面的显示背景，并将屏幕分辨率设置为 1024 像素×768 像素，颜色质量为最高（32 位）。

9．设置屏幕保护程序为三维文字"勿动我的电脑"，等待"5 分钟"，并设置密码。

10．在计算机 LPT 口安装 HP color LaserJet 5 打印机并将其设置为默认打印机。

11．利用已经申请好的用户名和密码建立宽带连接。

第3章

Internet 应用

3.1 集 成 办 公

任务描述

计算机平面设计专业的学生要参加市里举办的平面设计大赛,因此他们必须在网络上搜索、下载相关资料。另外指导老师要求同学们经常通过电子邮件与其进行联系。那么,这些同学该运用哪些 Internet 工具呢?

实现方案

1. 运用网页浏览器搜索相关网页或图片。
2. 运用浏览器自带的下载工具或迅雷下载所需素材,将其保存在计算机中。
3. 运用 WinRAR 将文件压缩为*.rar 格式。
4. 应用 CuteFTP 上传或下载文件。
5. 在邮件收发网页上完成电子邮件的收发。

相关知识点

■ 搜索引擎的使用。
■ 文件下载、上传。
■ 文件压缩工具 WinRAR 的使用。
■ 收发电子邮件。

操作步骤

1. 搜索网页

(1)在浏览器的地址栏中输入 http://www.baidu.com,进入百度的主页。

(2)在百度主页的搜索栏中输入 "photoshopcs3 中文版下载",然后单击 "百度一下" 按钮,即可搜索关于 Photoshop 下载的所有网页链接。

2．搜索图片

（1）在百度主面中单击"图片"选项，即可链接到图片搜索窗口。

（2）在检索框中输入"花卉"，单击"百度一下"按钮，即可列出有关花卉的图片。

3．软件下载

（1）打开浏览器进入"Photoshop"软件下载的主页面。

（2）单击"本地高速下载"，打开"文件下载"对话框，单击"保存"按钮打开"另存为"对话框。在窗口中修改软件保存的地址为"e:\杜威\平面素材"文件夹，文件名为默认文件名。

（3）设置完毕后，单击"保存"按钮，弹出"已完成"对话框。

（4）下载完成后，弹出"下载完毕"对话框，单击"关闭"按钮。

说明：在安装了迅雷下载工具的计算机上，为了提高下载速度可以启动"迅雷"下载，这里不再详细说明。

4．图片下载

（1）下载小图片：在选择的花卉图片上右击，在弹出的快捷菜单中选择"图片另存为"命令，打开"保存图片"对话框，在该对话框中设置图片的存储位置为"e:\杜威\平面素材"文件夹，文件名为"花卉 1"，最后单击"保存"按钮即可。

（2）下载大图片：在选择的花卉图片上单击打开图片所在的页面，在图片上右击鼠标，在弹出的快捷菜单中选择"图片另存为"或"使用迅雷下载"命令，在弹出的对话框中设置图片的存储位置为"e:\杜威\平面素材"文件夹，文件名为"花卉 2"，最后单击"保存"按钮即可下载所需图片。

5．文件压缩

（1）在"平面素材"文件夹上右击，在弹出的快捷菜单中选择"添加到压缩文件"命令。打开"压缩文件名和参数"对话框，单击"浏览"按钮打开"查找压缩文件"对话框，选择压缩文件的存放位置，单击"打开"按钮返回"压缩文件名和参数"对话框。

（2）在"压缩文件名和参数"对话框中进行必要的设置后，单击"确定"按钮，WinRAR将自动创建名为"平面素材.rar"的压缩文件。

6．FTP 工具 CuteFTP

（1）CuteFTP 的设置。

① 选择"编辑"→"设置"命令，打开"设置"对话框，选择"提示"选项，在打开的"提示"选项卡中选中"覆盖确认下载"、"覆盖确认上传"、"删除确认"、"拖放操作确认"复选框。

② 选择"连接"选项，打开"设置"对话框，在这里设置重连次数，还可以选择下载完成以后注销、关机等操作。

（2）从 FTP 站点下载文件。

① 双击桌面上的 CuteFTP。

② 选择"文件"→"站点管理器"命令打开站点设置窗口。

③ 展开左边窗格中的列表，单击一个"中文站点"→"大学站点"→"北京大学"，右侧窗格将显示登录到此 FTP 站点的相关信息。

④ 选择站点后，单击"连接"按钮，就可以登录到此 FTP 站点。

⑤ 在左侧本地窗格中选择下载文件的路径"E:\杜威\平面素材"，在远程窗格中选择要下

载的文件或文件夹。

⑥ 单击工具栏中的"下载"按钮，即可下载选定的文件或文件夹。

（3）上传文件到 FTP 站点。

① 登录到站点管理器。

② 单击工具栏上的"创建新目录"按钮，打开"创建新目录"对话框。

③ 输入新目录的名称，如"平面设计大赛素材"，单击"确定"按钮，如图 3-1 所示。

图 3-1　创建新的目录对话框

④ 选中左边本地目录中的文件，拖放至右侧的站点服务器目录新创建的文件夹中，此时系统打开"确认"对话框，单击"是"按钮即可。

说明：上传文件时用户在登录远程计算机时需要输入账户及密码。

7．在网页中收发电子邮件

（1）发送带有附件的邮件。

① 输入地址 http://www.126.com，打开 126 邮箱页面，如图 3-2 所示。

图 3-2　网易邮箱登录页面

② 输入自己的电子邮箱账户的用户名和密码，单击"登录"按钮进入 126 电子邮箱窗口。目前网易、搜狐、新浪等网站都可以免费申请和使用邮箱，如果想注册新邮箱可单击链接"注册"。

③ 单击"写信"按钮，进入写新邮件的页面，填写收件人、主题和邮件正文，选择添加附件，在打开的对话框中选择"平面素材.rar"，单击"发送"按钮，即可完成新邮件的发送，如图 3-3 所示。

图 3-3　创建带附件的邮件

（2）阅读邮件，回复邮件。

① 单击"收信"链接，打开邮件列表，单击邮件的主题链接，打开邮件详细内容的页面，如图 3-4 所示。

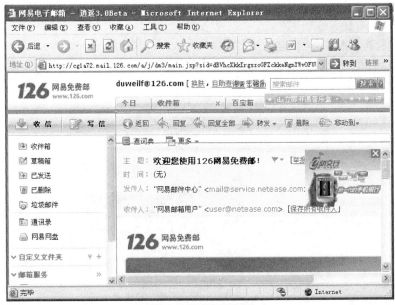

图 3-4　网易邮箱窗口

② 单击"回复"按钮，打开邮件回复的页面，填写好回复的主题、正文再发送邮件，即可完成邮件的回复。

3.2 网络会议

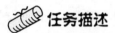 **任务描述**

学院各部门之间在日常教学管理、考试管理、课程安排等方面有着密切的联系，传统的联系方式已经不能满足需要，因此通讯软件已成为每个教学管理人员离不开的网络工具。

实现方案

1. 运用专门用于收发电子邮件的客户端软件 Outlook Express 接收邮件。
2. 运用即时通讯软件腾讯 QQ（或 MSN）即时收发消息、传输文件。
3. 运用 NetMeeting 召开网络会议，聊天、传送文件。

相关知识点

■ 设置 Outlook Express 的邮件账户，接收、撰写和发送电子邮件。
■ QQ 或 MSN 收发消息并传送文件。
■ NetMeeting 中网络会议、聊天、传送文件、白板功能的使用。

操作步骤

1．Outlook Express 的使用

（1）启动并设置 Outlook Express 的邮件账户。

① 在任务栏的"开始"菜单中选择"所有程序"→"Outlook Express"命令，打开收件箱窗口，如图 3-5 所示。

图 3-5 Outlook Express 的收件箱窗口

② 在菜单中选择"工具"→"账户"命令，打开"Internet 账户"对话框，单击"添加"按钮，在弹出的菜单中选择"邮件"命令，打开"Internet 连接向导"对话框。在"显示名"中填入姓名，如 duweilf。

③ 单击"下一步"按钮，填入电子邮件地址，如 duweilf@sohu.com。

④ 单击"下一步"按钮，填入电子邮件的接收服务器和发送服务器地址，如接收服务器"pop3.sohu.com"，发送服务器的"smtp.sohu.com"，如图 3-6 所示。

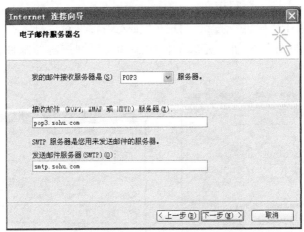

图 3-6　输入接收和发送电子邮件的服务器地址

⑤ 单击"下一步"按钮，填入邮件服务商提供给用户的账户名和密码，如账户名 duweilf，密码 123456789。

⑥ 单击"下一步"按钮，出现"Internet 连接向导"设置完成对话框，单击"完成"按钮，自己的电子邮箱 pop3 的设置便添加到图 3-7 所示的空白区域。

图 3-7　Internet 帐户对话框

⑦ 单击"属性"按钮，在弹出的对话框中单击"服务器"标签，在该选项卡中选中"我的服务器要求身份验证"复选框，然后单击后面的"设置"按钮，如图 3-8 所示，在打开的对话框中选择"使用与接收服务器相同的设置"选项，然后依次单击"确定"按钮，返回图 3-7 中，单击"关闭"按钮，返回 Outlook 主界面。

（2）在 Outlook 中接收电子邮件。

① 单击 Outlook 的工具栏上"发送/接收"按钮右侧的下拉按钮，在弹出的菜单中选择"接收全部邮件"命令，即可接收邮件。

② 如果接收的邮件中带有附件，双击带有附件的电子邮件，将打开该邮件阅读窗口显

示邮件的内容和包含的附件等信息。

（3）在 Outlook 中写邮件和发送邮件。

① 在菜单栏中选择"文件"→"新建"→"邮件"命令，打开"新邮件"窗口。

② 填写收件人、主题，撰写正文。

③ 在工具栏中单击"附件"按钮，打开"插入附件"对话框。在对话框中选中要作为附件的文件，单击"附件"按钮，完成附件的添加，返回撰写新邮件窗口，结果如图 3-9 所示。

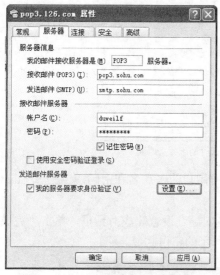

图 3-8 邮件账户属性对话框（服务器）   图 3-9 撰写新邮件窗口

④ 邮件撰写完毕后就可以单击工具栏中的"发送"按钮发送邮件了。

说明：回复邮件和创建邮件的方法基本相同，只是选中要阅读的邮件，在工具栏中单击"答复"按钮再进行相应的设置。同学们可以自己练习一下。

2．QQ 软件的使用

（1）登录 QQ2011。

① 在"QQ 用户登录"对话框中输入 QQ 号码和 QQ 密码。

② 单击"登录"按钮即可。

（2）查找并添加好友。

① 在主界面下方单击"查找"按钮，打开"查找联系人/群/企业"对话框。

② 在"查找联系人"选项卡中选择"精确查找"并在"账号"文本框中输入账号，如 604789193，单击"查找"按钮，打开图 3-10 所示的对话框。

③ 选中该好友后，单击"添加好友"按钮，打开"添加好友"对话框，在"再请输入验证信息"文本框中输入让对方认可的信息，单击"确定"按钮即可。

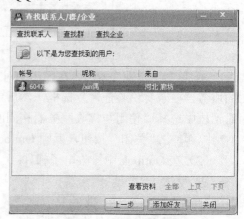

图 3-10 查找联系人窗口

（3）查找群用户。

① 打开"查找群"选项卡，选中"精确查找"按钮，输入群号码，如 22837291，单击"查找"按钮，即可找到名为"CorelDRAW 应用"的 QQ 群。

② 单击"加入该群"按钮，如果对方需要身份验证，则输入验证信息即可。

（4）进行文字、音频和视频聊天。

① 双击好友头像或群图标，打开一个聊天窗口。在编辑区域输入文字或粘贴图片，单击"发送"按钮或使用 Enter 键，即可以向好友或群中发送即时信息。

② 双击好友头像，打开聊天窗口，单击"开始语音会话"按钮，对方收到并选择接受后，可直接进行通话。若要进行多人语音聊天，可单击"开始语音会话"右侧的"发起多人语音"命令，在打开的"选择联系人"对话框中选择好友即可。

③ 双击好友头像，打开聊天窗口，单击"开始视频会话"按钮，如果对方接受视频聊天请求，将提示"已和对方建立了连接"，即可视频对话。

（5）传送与接收文件。

① 右键单击好友的头像，在快捷菜单中选择"发送文件"命令。（也可以将文件直接拖到编辑区。）

② 弹出聊天窗口和"打开"对话框。在"打开"对话框中选择要传送的文件"E:\杜威\通知"，单击"打开"按钮，就向对方发送了要传输文件的请求。

③ 对方同意接收后，就开始传送文件了。

④ 如果有朋友发来文件，系统会弹出图 3-11 所示的文件接收窗口。

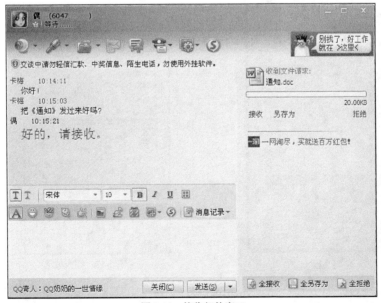

图 3-11　接收邮件窗口

⑤ 选择接收，系统会弹出存放窗口，选择接收文件位置就开始传输文件了。

3．MSN 的使用

（1）添加联系人。

① 单击 MSN 主界面下的"添加联系人"链接，打开"添加联系人"对话框。

② 单击"下一步"按钮，选择"使用电子邮件地址或登录名"单选按钮。

③ 单击"下一步"按钮，填入对方的电子邮件地址，如 duweilf@hotmail.com。

④ 单击"下一步"按钮，在打开的对话框中单击"完成"按钮，一个联系人就添加好了，如图 3-12 所示。

（2）发送即时消息、视频通话、传送文件。

① 右击联机在线的联系人名称，在弹出的快捷菜单中选择"发送即时消息"命令，打开即时消息窗口，就可以发送文字、图片了。

② 右击联机在线的联系人名称，在弹出的快捷菜单中选择"开始语音对话"或"开始视频对话"、"发送文件或照片"命令，对方接受后，就可以进行语音对话、面对面交流或传送文件了。

（3）启动应用程序共享。

单击主界面中的"其他"链接，在打开的菜单中选择"启动应用程序共享"命令就可以在 MSN 共享空间中放置本系部中的部分资料，以供其他各系部使用。

4．NetMeeting 的使用

（1）网络会议。

① 启动教师机，运行 NetMeeting 程序。单击"呼叫"按钮，选择"主持会议"命令，即可主持会议，如图 3-13 所示。

图 3-12　MSN 主界面

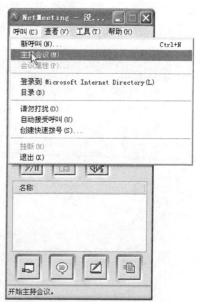
图 3-13　呼叫菜单

② 启动学生机，打开运行 NetMeeting 程序。单击工具栏中的"进行呼叫"按钮，在打开的"发出呼叫"对话框的地址栏中输入对方的计算机名或 IP 地址，如 192.168.8.1，然后单击"呼叫"按钮，如图 3-14 所示。

③ 在窗口下方的状态条上会出现呼叫的状态。当对方接受呼叫后，NetMeeting 就会进入"当前会议"，其中列有进入会议的人，现在还可以继续呼叫其他人参加会议，如图 3-15 所示。

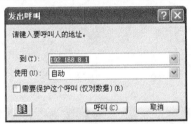
图 3-14　输入 IP 地址

图 3-15　呼叫状态

④ 在教师机上执行程序，CorelDRAW 多媒体课件，然后切换到 NetMeeting，用鼠标单击工具栏上的"共享程序"按钮，共享课件并最小化 NetMeeting 应用程序。在学生机上同样最小化 NetMeeting 应用程序。这样教师机上的画面就同步显示在学生机上了，且声音可以通过教师机音箱播放，教师的操作也同步显示给学生，如图 3-16 所示。

⑤ 在教学过程中，学生可通过 NetMeeting 交谈程序把问题发送给教师，并可通过"音频切换"按钮切换到教师机进行双向交流。

⑥ 教学过程结束，教师可以通过 NetMeeting 工具栏上的"挂断"按钮结束此次教学。

（2）文字聊天。

① 单击工具栏中的"聊天"按钮，打开"聊天"对话框。

② 在"消息"文本框中输入谈话内容按 Enter 键即可，如图 3-17 所示。

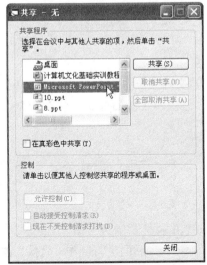
图 3-16　共享文件

图 3-17　聊天窗口

（3）"白板"工具。

① 单击"白板"按钮打开"白板程序"界面。

② 参加会议的所有人都可以在此界面上涂抹或交谈，如图 3-18 所示。

（4）文件传输。

① 单击"传送文件"按钮打开"文件传送"对话框，如图 3-19 所示。

② 找到预先准备好的文件，单击"发送"按钮，屏幕上就出现发送完成的提示，再确认一下即可。

图 3-18　白板程序窗口　　　　　　　　　　　　图 3-19　传送文件

3.3　实　训　项　目

 项目描述

一年级学生杜威要练习文件的下载、压缩以及使用电子邮件发送文件的能力，所以特地为自己安排了相应的实训项目。

项目要求

1. 将打开的网页中的图片保存到已经建立好的文件夹 "E:\杜威\基础素材\图片" 中，文件名改为 "校园生活图片 1"、"校园生活图片 2"、"校园生活图片 3"，保存类型选择 "GIF（*.gif）"。

提示：

（1）使用某搜索引擎，找合适的图片；

（2）另存为指定格式的图片文件。

2. 将 "图片" 文件夹在原位置进行压缩。

提示：选中 "图片" 文件夹，右击，使用 WinRAR 将其压缩为 "图片.rar"。

3. 将压缩后的 "图片" 文件发送到自己的 QQ 邮箱，为后面学习制作 "简报" 做好准备。

提示：登录 QQ，写信，以附件形式将 "图片.rar" 发送给自己。

第4章

Word 文字处理

4.1 会 议 通 知

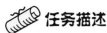 **任务描述**

新学年开始，为了使新生能更快地适应环境，学院将举行入学教育，现制作一张通知张贴在公告栏中，并且将其发布在校园网上。

 实现方案

1. 通知是一种常用公文，在格式上首先应符合通常的体式规范。
2. 对通知中的重点内容可作适当修饰，以便能引起人们的注意。

相关知识点

- 文档的建立、保存。
- 页面设置。
- 字符输入。
- 字符格式设置。
- 段落格式设置。

操作步骤

1. 建立文档、保存

启动 Word 软件，显示空白文档，单击"常用"工具栏中的"保存"按钮（或选择"文件"→"保存"命令），在弹出的"另存为"对话框中，选择保存位置，并在"文件名"栏中输入"通知.doc"，单击"保存"按钮即可，如图 4-1 所示。

2. 页面设置

选择"文件"→"页面设置"，设置纸型为 A4，上下页边距均为 3 厘米，左右页边距均为 5 厘米，纸张为横向。

3．输入文字内容

输入标题、各自然段、落款，在每个段落末尾按 Enter 键。具体内容如图 4-2 所示。

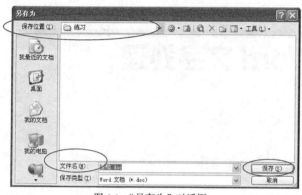

图 4-1 "另存为"对话框

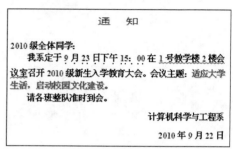

图 4-2 通知样文

4．设置文字格式

（1）设置标题：选中标题，单击格式工具栏中的相应工具，进行字符设置：黑体，小一，加粗，字符缩放 150%（△）。

（2）设置正文：选择"格式"→"字体"菜单命令，中文字体为宋体，西文字体为 Time New Roman，加粗，二号，如图 4-3 所示。

（3）参照样文，如图 4-2 所示，选中部分文字加着重符号；部分文字加波浪形下划线；会议主题为绿色，加阴影效果。

5．设置段落格式

（1）设置标题：选择"格式"→"段落"，设置对齐方式：居中，段前、段后各 2 行。

（2）正文：除第一行文字外所有段落首行缩进 2 个字符，左对齐，行间距 1.5 倍行距。如图 4-4 所示。

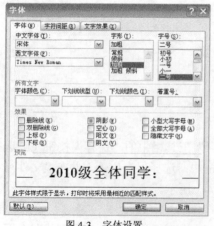

图 4-3 字体设置

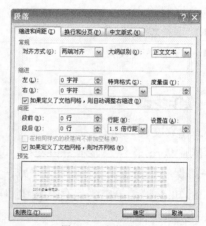

图 4-4 段落设置

（3）落款：右对齐，段前 0.5 行。

4.2　制作求职简历

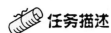 **任务描述**

　　张丽就要大学毕业了，为了能找到一份满意的工作，她准备用 Word 制作一份求职简历。从一定意义上讲，简历的质量能够体现一个人做事的态度，关系到自己给用人单位留下什么样的第一印象，怎样才能做出一份精美的求职简历呢？让我们帮张丽设计一下吧。

实现方案

　　1．设计一张漂亮的封面，封面最好用图片或艺术字进行点缀。
　　2．拟定一份自荐书，根据自荐书的内容，适当调整字体、字号及行间距、段间距。
　　3．以表格形式设计一份个人简历表，分栏目介绍个人信息。

相关知识点

■　建立文档。
■　设置字符及段落格式。
■　制作表格。
■　插入图片美化文本。
■　设置页面边框。
■　打印预览及输出。

操作步骤

　　1．建立文档、保存
　　启动 Word，新建空白文档，以"求职简历.doc"为文件名进行保存。
　　2．页面设置
　　（1）纸张大小为 A4，纵向。
　　（2）选择"插入"→"分隔符"菜单命令，选择"分页符"，插入下一页，使用同样的方法再插一页，使之成为 3 页。
　　3．封面设置
　　（1）将光标定位在第 1 页，选择"插入"→"图片"→"来自文件"命令，插入系徽（或校徽）图片，文字环绕方式为"浮于文字上方"，放在左上角的位置。
　　（2）选择"插入"→"图片"→"艺术字"命令，选择第 2 行第 5 列样式，输入"求职简历"，字体为华文琥珀，36 号，浮于文字上方，放在样张所示位置。
　　（3）选择"插入"→"文本框"→"横排"命令，插入一个文本框，按样张输入相应文字，字体为方正姚体，小一号，颜色（自定义：R = 0，G = 102，B = 204）。文本框设置为无填充颜色，无线条颜色。

（4）插入素材图片，衬于文字下方，大小与纸张等大（即高 29.7 厘米，宽 21 厘米），如图 4-5 所示。

图 4-5　封面

4."自荐书"设置

（1）输入自荐书内容。

① 按 Ctrl＋Shift 组合键切换到中文输入法状态。

② 在第一行输入文字"自荐书"，按 Enter 键结束当前段落。

③ 用相同的方法按样文输入其他内容，每按一次 Enter 键结束一个段落。

④ 最后插入时间和日期。使用"插入"→"日期和时间"菜单命令即可。

（2）设置字符格式。

注意：设置字符格式，首先要选中设置格式的文本。

① 标题设置：华文隶书，一号，加粗，字间距为加宽 10 磅，如图 4-6 所示。

② 将"尊敬的领导："、"自荐人：张丽"、"2010-7-1"等文字设置为"幼圆，四号"，对同样的设置可使用格式刷 功能。

③ 将正文文字（从"您好"开始到"敬礼"为止）设置为楷体，小四号。

（3）设置段落格式。

① 将标题"自荐书"设置为"居中对齐"。

② 将正文文字设置为"两端对齐"，首行缩进 2 个字符，行距固定值 28 磅。

③ 利用水平标尺设置"此致"、"敬礼"两段文字的左右缩进合适为止。

④ 将最后两个段落（"自荐人：张丽"、"2010-7-1"）设置为"右对齐"，再将"自荐人：张丽"所在段落设置为"段前间距 20 磅"。

5．制作"个人简历表"，如图 4-7 所示。

个人简历表

	姓名		性别		出生年月		照片
个人基本情况	籍贯		民族		政治面貌		
	学历		学位		身体状况		
	所学专业				毕业时间		
	毕业院校						
	专业课程						
	外语水平						
	计算机水平						
	兴趣爱好						
	工作经历						
	自我评价						
求职意向							
联系方式							

图 4-6　字体设置

图 4-7　简历表格

（1）制作表格标题。

按快捷键 Ctrl＋End，将插入点定位在文档的最后一页，输入文字"个人简历表"，华文隶书，一号，加粗，居中。

（2）创建表格。

按住常用工具栏中的![按钮]按钮，拖出一个 13 行 8 列的表格。

（3）合并与拆分单元格。

参照样张，选择需要合并的单元格，右击鼠标选择"合并单元格"命令。

（4）调整行高和列宽。

① 选择1～5行，右击鼠标选择"表格属性"命令，在"表格属性"对话框中，选择"行"选项卡，设置"指定高度"为1厘米。

② 其他各行、各列利用标尺参照样张进行适当调整。

（5）在单元格中输入"姓名"、"性别"、"出生年月"等相应的文字。

（6）设置对齐方式。

① 选中整个表格，单击"格式"工具栏中的 ≡ 按钮，将整个表格水平居中。

② 单击表格左上角 ⊞ 控制点，选中整个表格，右击鼠标选择"单元格对齐方式"中的"中部居中"。

（7）设置边框和底纹。

① 选中整个表格，右击鼠标选择"边框和底纹"命令，在"边框"选项卡中选择"自定义"，将表格的内侧框线设置为实线，1磅，外侧框线设置为样张所示样式，2.5磅。

② 按图4-7所示，将表格的相应单元格的底纹设置为"灰色-10%"，并将这些单元格的字符格式设置为仿宋，小四、加粗，其他文字为仿宋，小四。

6．打印文档

（1）选择"文件"→"打印预览"菜单命令（或单击工具栏中的 🔍 按钮），在预览窗口浏览一下整体效果。如果没有问题，关闭预览窗口，返回编辑窗口。

（2）选择"文件"→"打印"命令，在"打印"对话框中，设置打印范围和打印份数，单击"确定"按钮。

4.3 制 作 简 报

任务描述

我们每个人可能都制作过手抄报，那么如何使用Word来制作一份手抄报效果的简报呢？一般来说，简报的内容多种多样，其版面设计应该做到整体规划与艺术效果并重，还要突出设计者的个性与创意，达到既科学实用，又美观大方。

下面就来用Word这款文字处理软件制作一份简报。要求使用A4纸张，横向。

实现方案

1．版面的宏观设计。

（1）设置版面大小（纸张大小、页边距）。

（2）按内容规划版面（使用表格或文本框按每篇文章具体内容将版面整体划分为几部分）。

2．具体布局。

将文章插入到相应版块中，根据情况适当调整版块大小，以适应文章内容，或适当调整字符格式以适应版块大小。

3．简报的整体设计要求。

版面内容生动活泼、图文并茂，颜色搭配合理、美观大方；版面设计应充分发挥想象力，有创意，能表现设计者的个性特点。

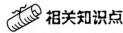 **相关知识点**

- 页面设置。
- 文本框。
- 分栏。
- 艺术字、剪贴画、自选图形、图片等的设置。
- 中文版式。
- 页眉和页脚的设置。
- 打印预览及打印输出。

 操作步骤

1．页面设置

（1）启动 Word，新建一个空白文档，以"简报.doc"为名进行保存。

（2）选择"文件"→"页面设置"菜单命令，打开"页面设置"对话框。选择"页边距"选项卡，设置上下左右边距各为"2 厘米"，纸张方向为"横向"；选择"纸张"选项卡，设置"纸张大小"为 A4 纸张；选择"版式"选项卡，单击"边框"按钮，按样张设置艺术型页面边框。

2．版面的布局

（1）按照文章的内容给每块文章绘制一个大小合适的轮廓，如图 4-8 所示。

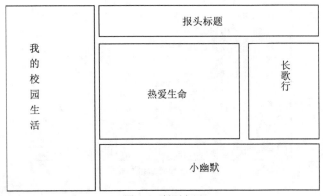

图 4-8　版面布局

（2）选择"格式"→"分栏"命令，在"分栏"对话框中选择"预设"中的"偏左"栏，在"宽度和间距"中将间距设置为 3 字符，如图 4-9 所示。

（3）将各篇文章的素材复制到相应的文本框中（其中"我的校园生活"直接复制到页面左侧即可）。调整各个文本框的大小，直至每篇文章的所有内容刚好放入其中，可以适当调整字体和字号，达到理想效果。

3．设置"我的校园生活"一文

（1）题目为艺术字，第 4 行第 6 列样式，在"绘图"工具栏中单击 ，设置阴影样式为 18，设置文字环绕方式为四周型。

（2）将光标定位在正文的最前面，选择"插入"→"图片"→"剪贴画"菜单命令，插入一张剪贴画，适当调整大小并居中显示。

（3）将光标定位在最后一段文字中，选择"格式"→"首字下沉"菜单命令，在"位置"中选择"下沉"，下沉行数设置为 2，如图 4-10 所示。

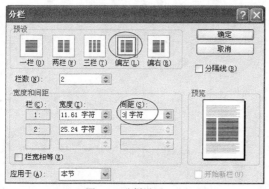

图 4-9　分栏设置　　　　　　　　　　　图 4-10　首字下沉

（4）选择正文所有文字，选择"格式"→"边框和底纹"菜单命令，如图 4-11 所示，选择"底纹"选项卡，单击"其他颜色"按钮，在弹出的"颜色"对话框中选择"自定义"选项卡，设置红色为 255，绿色为 204，蓝色为 255，单击"确定"按钮。

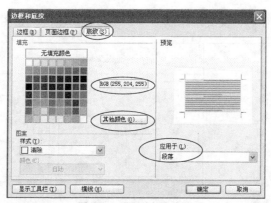

图 4-11　设置边框和底纹

（5）在最后一段文字后面按 Enter 键插入一个空行，选择"格式"→"边框和底纹"菜单命令，单击"横线"按钮，选择一种艺术横线插到文末。

4．设置报头标题

（1）选择"插入"→"分隔符"菜单命令，选择"分栏符"单选钮。

（2）将光标定位在右栏第一行，单击"绘图"工具栏上的 按钮，插入艺术为字"我的大学　梦想放飞的地方"，第 3 行第 1 列样式，加粗，设置阴影样式为 19；右击艺术字，选择"设置艺术字格式"命令，设置填充颜色为"填充效果"中"渐变"选项卡中的双色，颜色 1 为红色，颜色 2 为蓝色，角部辐射。

（3）选择艺术字，单击格式工具栏中的▤按钮。

5．设置"热爱生命"一文

（1）设置标题为黑体，小三号，绿色，正文为仿宋，小四号，水平居中对齐。

（2）逐一选中标题文字，选择"格式"→"中文版式"→"带圈字符"菜单命令，如图 4-12 所示，选择"增大圈号"，圈号样式为菱形，单击"确定"按钮。

（3）双击文本框，弹出"设置文本框格式"对话框，在"颜色与线条"选项卡中，选择"线条"颜色为"带图案线条"，前景色为黄色，背景色为红色，3 磅，实线。

6．设置"长歌行"一文

（1）标题为艺术字，第 5 行第 6 列样式，在"艺术字"工具栏中单击艺术字字符间距，选择"稀疏"。

（2）正文为宋体，小三，加粗，字符缩放 150%，居中，如图 4-13 所示。

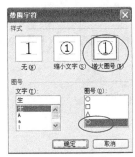

图 4-12　带圈字体

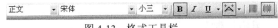

图 4-13　格式工具栏

（3）双击文本框，弹出"设置文本框格式"对话框，在"颜色与线条"选项卡中，选择"线条"颜色为"无线条颜色"；选择"填充"颜色为"填充效果"，在"填充效果"对话框中，选择"图片"选项卡，单击"选择图片"按钮。在弹出的对话框中选择素材图片，单击"插入"按钮，单击"确定"按钮，将填充"透明度"设置为 40%。

（4）设置文本框为阴影效果 14。

7．设置"小幽默"一文

（1）设置标题为宋体，小二号，加粗，居中，将光标定位在最前面，单击"绘图"工具栏中的▦插入剪贴画☺，并复制多个放在相应位置。

（2）正文为宋体，小四号，首行缩进 2 字符，行距为"固定值"20 磅。

（3）文本框边框为酸橙色，长划线，2.25 磅粗。

（4）绘制自选图形，基本形状中的"心形"，设置填充色为双色，颜色 1 为红色，颜色 2 为白色，中心辐射，阴影样式 18，适当旋转角度放在文本框右上角，复制一个并旋转一定角度放在左上角。

8．设置艺术型分栏符

（1）绘制自选图形，基本形状中的"新月形"，填充色为金色，阴影样式 12，放在分栏的最上方。

（2）按住 Ctrl 键，拖动鼠标左键，复制一个图形，填充色改为蓝色，在"设置自选图形格式"对话框的"大小"选项卡中，设置旋转角度为 180 度；阴影样式 11。放在上一图形下方。

（3）按住 Shift 键，选中两个图形，按样张复制多个并摆放好位置。再按 Shift 键单击选中所有图形，单击"绘图"工具栏中的 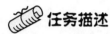，选择"对齐或分布"→"纵向分布"，将所有图形纵向均匀分布，右击鼠标选择"组合"。按 Alt 键拖动鼠标适当调整位置。

9．打印

在 A4 纸上打印，操作步骤如下。

（1）选择"文件"→"打印"菜单命令，打开"打印"对话框。

（2）在"份数"一栏输入要打印的份数，直接单击"确定"按钮即可完成打印操作。

4.4 试卷制作

 任务描述

临近期末，老师们开始考虑制作期末试卷了。所以今天咱们就来探讨一下在 Word 环境中试卷制作的问题，希望能对老师们有所帮助。

实现方案

1．制作试卷模板。

2．应用模板制作试卷。

相关知识点

■ 页面设置。

■ 分栏。

■ 定义样式。

■ 页眉和页脚的设置。

■ 存为模板。

■ 数学公式的输入。

■ 设置加密。

操作步骤

1．制作试卷模板

（1）设置纸张大小。

选择"文件"→"页面设置"命令，选择"纸张"选项卡，在"纸张大小"下拉列表中选择"自定义大小"，宽设置为 38 厘米，高为 26 厘米；左右边距 3.2 厘米,上下边距 2.5 厘米；页脚边距 1.6 厘米；装订线位置在左侧，5 厘米，纸张方向为"横向"；在"版式"选项卡中设置"页眉和页脚"为"奇偶页不同",如图 4-14 所示。

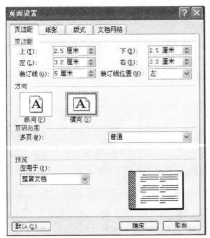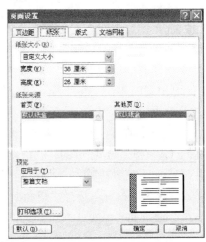

图 4-14 设置纸张大小

（2）设置分栏。

选择"格式"→"分栏"菜单命令，选择"预设"中的"两栏"，添加分割线，如图 4-15 所示。

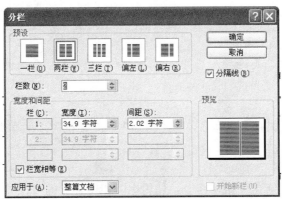

图 4-15 设置分栏

（3）定义样式。

标题第 1 行为仿宋，四号字；试卷名称行为黑体，加粗，二号字，居中；正文宋体，小四号字。

（4）增加新页。

按 Enter 键，插入 1 个空行，将光标定位在最后一个空行中，选择"插入"→"分隔符"菜单命令，单击"分隔符类型"中的"下一页"按钮，单击"确定"按钮。

（5）设置页眉。

① 将光标定位在第 1 页，选择"视图"→"页眉和页脚"菜单命令，在"页眉和页脚"编辑状态下，使用文本框在页面左侧（即页边距外面）绘制一个文本框，并输入如样张所示文字。其中"（密封线内不要答题）"几个字是使用竖排文本框制作而成，将两个文本框设置填充、线条颜色均为无。

② 使用"绘图"工具栏中的"直线"工具，按 Shift 键绘制一条竖线，设置线型为"长划线-点"形状。

③ 按 Shift 键选中两个文本框和直线，进行"组合"。

说明：如果页眉部分出现横线，则可选中此处的段落标记，选择"格式"→"边框和底纹"菜单命令，将"边框"设置为"无"，即可删除页眉处的横线。

④ 使用相同的方法，参照样张设置第 2 页页眉。

（6）设置页脚。

① 将光标定位在第 1 页的页脚处，单击 ▤（两端对齐）按钮。在左栏中部位置输入"计算机文化基础（A 卷） 第页，共页"。将光标定位在"第页"二字中间，按 Ctrl＋F9 组合键，出现一对大括号 { }，在其中输入"={page}*2-1"，其中 page 外的大括号也是按 Ctrl＋F9 组合键输入的，输入完毕右击鼠标，选择"更新域"，即可显示当前页码；再将光标定位在"共页"两字中间，输入"{ = {numpages} *2}"，大括号的输入方法同前，右击选择"更新域"，即可显示总页数。

② 复制一份页脚文字放在第 1 页的右栏中部位置，在"第 1 页"的"1"的位置右击鼠标，选择"切换域代码"，对代码进行编辑，修改为"{ = {page}*2}"。如图 4-16 所示。

计算机文化基础（A卷） 第{ ={ page }*2-1 }页，共{ ={ numpages }*2 }页　　　　　计算机文化基础（A卷） 第{ ={ page }*2 }页，共 6 页

图 4-16 页脚内容

③ 选中整个页脚，按 Ctrl＋C 组合键复制一份完整的页脚文字，将光标定位在第 2 页的页脚处，按 Ctrl＋V 组合键粘贴。

说明：使用此方法，无论插入几页试题，页码、页数都会自动进行更新，省却了手工编辑之苦。

（7）存为模板。

选择"文件"→"另存为"命令，在"另存为"对话框中"保存类型"选择"文档模板"（即*.dot）类型。

2．制作一份新试卷

单击"文件"→"新建"菜单命令，使用上一步中建立的"试卷"模板新建一份试卷。

3．编辑试卷内容

（1）输入文本。

（2）插入特殊符号：使用"插入"→"符号"命令。

（3）插入试题图片：使用"插入"→"来自文件"命令或直接使用剪贴板进行试题图片的粘贴。

（4）编辑数学公式。

① 单击"插入"→"对象"菜单命令，在弹出的对话框中选择"microsoft 公式 3.0"，单击"确定"按钮，如图 4-17 所示。

② 弹出"公式"输入工具栏，如图 4-18 所示，按具体要求输入数学公式。

4．设置加密

选择"工具"→"选项"菜单命令，在弹出的对话框中选择"安全性"选项卡，设置其加密的基本选项，如打开和修改文档的密码。单击"确定"按钮，如图 4-19 所示。

例如，设置打开密码为"123456"，修改密码为"456789"。

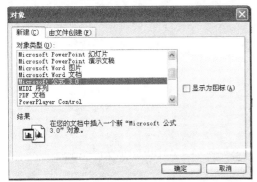

图 4-17　插入公式

图 4-18　"公式"工具栏

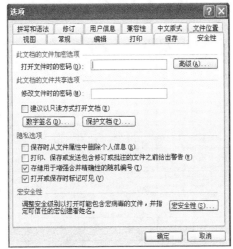

图 4-19　设置文档的安全性

5．试卷保存

将制作好的试卷保存为×××.doc。

4.5　表格数据处理

 任务描述

学生杨阳在学习了一段时间的 Word 知识后，熟练掌握了 Word 的文字处理功能。但是 Word 能不能方便地进行数值计算呢？杨阳请教了老师。经过指点，他对 Word 的表格应用有了一定的认识。下面就让他介绍一下使用 Word 表格进行学生成绩管理与分析的全过程吧。

实现方案

1．创建表格。

2．使用公式计算学生总分及平均成绩。

3．为表格中的数据排列数序。

4．插入 Excel 图表。

 相关知识点

■ 表格的建立、保存。

■ 排序。

■ 公式。

■ 插入 Excel 表及图表。

■ 表格与文本转换。

操作步骤

1．创建表格

样表如下。

班级	姓名	计算机	英语	高数	总分	平均分
机电	文章	78	88	67		
计算机	徐明	72	79	64		
电子	王华	90	78	82		
电子	李一	81	74	67		
计算机	王子	77	60	52		
机电	东东	77	65	82		
机电	白雪	81	71	87		

（1）使用"表格"菜单下"插入"创建 8 行 7 列的表格，如图 4-20 所示；各单元格高度为 0.5 厘米，宽度为 2 厘米，如图 4-21 所示。

图 4-20　插入表格

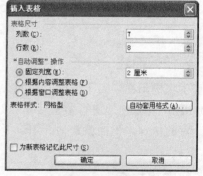

图 4-21　表格属性

（2）向表格中输入数据，右键单击选中各单元格数据文字设置"单元格对齐方式"为"上下、左右居中对齐"，如图 4-22 所示。

（3）选中表格，右键单击选中"边框和底纹"命令，设置表格的边框样式为"网格"，如图 4-23 所示；颜色为黑色；线型实线宽度为 1 磅；底纹填充"灰色–10%"的颜色，如图 4-24 所示。

图 4-22　设置对齐方式

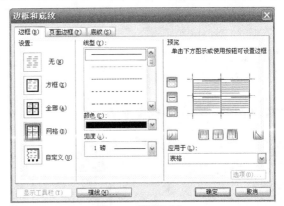

图 4-23　设置边框

2．使用公式计算学生总分及平均成绩

使用素材 SC4-5-1.xls 中的数据，填充 Word 表格中的"班级"、"姓名"和"各单科成绩"。选中学生"总分"或"平均分"所在的单元格，使用"表格"菜单下"公式"，在弹出的"公式"对话框中输入图 4-25 所示的内容。或使用单元格地址，例如，"文章"同学的总分可以用"Sum（c2:e2）"计算；平均分为 Sum(c2:e2)/3，或者 Average(c2:e2)。

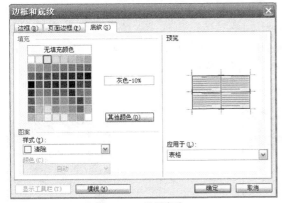

图 4-24　设置底纹

图 4-25　输入公式

同上，如下表格求出所有学生的总分和平均分。

班级	姓名	计算机	英语	高数	总分	平均分
电子	王华	90	78	82	250	83．33
机电	白雪	81	71	87	239	79．67
机电	文章	78	88	67	233	77．67
机电	东东	77	65	82	224	74．67
电子	李一	81	74	67	222	74
计算机	徐明	72	79	64	215	71．67
计算机	王子	77	60	52	189	63

3．为表格中的数据排列数序。

光标置于"总分"列任意一单元格，执行"表格"菜单中的"排序"命令。

如图 4-26 所示，按学生"总分"为"主要关键字"由降序排列表中数据记录。

4．插入 Excel 表

（1）单击"插入"菜单下的"对象"命令，将素材中的"SC4-5-1.xls"插入文档中，如图 4-27 所示。

图 4-26　排序

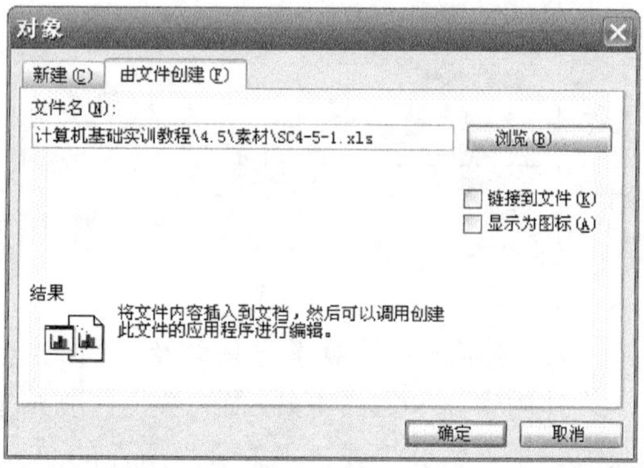

图 4-27　插入 Excel 表

（2）将插入的 Excel 工作簿的当前显示，调整到存放有图表的工作表下，如样张所示。

5．将表格转换为文字

先将表格在文末复制得到其副本；选中副本表格，执行"表格"菜单项中"转换"命令中的"将表格转换成文本"命令，如图 4-28 所示；在弹出的"表格转换成文本"对话框选中"文字分隔符"为"制表符"。单击"确定"按钮完成转换，如图 4-29 所示。

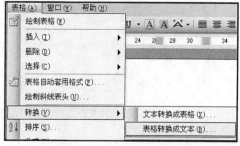

图 4-28　将表格转换成文本

图 4-29　设置文字分隔符

4.6　格式文档制作

任务描述

　　教务秘书小李在实际工作中，经常会遇到这样的情况：需要处理的文件主要内容基本相同，只是具体数据有变化，如学生的录取通知书、成绩通知单、获奖证书、准考证等。如果一份一份地编辑打印，虽然每份文件只需修改个别数据，但也够麻烦的。为了解决这类格式文档的制作、打印问题，减少重复工作，提高工作效率，小李使用了 Word 提供的邮件合并功能。

现以"准考证"为例，进行介绍。

实现方案

1. 创建（或打开）准考证的主文档。
2. 创建（或打开）数据源文件。
3. 创建准考证。
4. 组合输出。
5. 条件输出。

相关知识点

- 邮件合并工具栏。
- 邮件合并向导。
- 邮件合并。
- 图片导入。
- Word 域。

操作步骤

1. 创建（或打开）准考证主文档

（1）打开素材 SC4-6-1.doc（主文档.doc），如图 4-30 所示。

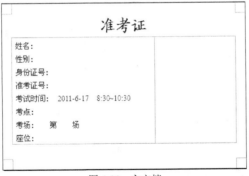

图 4-30　主文档

（2）启动"邮件合并"工具栏。

右击工具栏空白处，选择工具栏选项快捷菜单中的"邮件合并"项目，启动"邮件合并"工具栏。

2. 创建（或打开）数据源（请务必将本节文件夹"4.6"复制到 E:\）

（1）若没有已经编辑好的数据源文档，应该先创建数据源文档，格式参见"SC4-6-1.xls"。

说明：这里将直接使用素材中提供的数据源文档"SC4-6-1.xls"。

（2）单击"邮件合并"工具栏左边第 2 个按钮"打开数据源"，启动"选取数据源"对话框，如图 4-31 所示；选中"SC4-6-1.xls"单击"打开"按钮。

图 4-31　打开数据源

（3）启动"选择表格"对话框，如图 4-32 所示，选择"SC4-6-1.xls"文档中数据清单中的"报名表 1"工作表，单击"确定"按钮。

图 4-32　选择工作表

3．激活"邮件合并"工具栏第 6 个按钮"插入域"，如图 4-33 所示

图 4-33　邮件合并工具栏

（1）单击，打开"插入合并域"对话框，如图 4-34 所示；在主文档.doc 中选择适当的插入点，插入除"照片"以外的其他域，如图 4-35 所示。

图 4-34　插入合并域选取

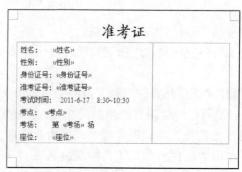

图 4-35　插入域

（2）使用 Word 域实现照片批量导入。

首先说明"数据源"中照片字段的结构，如图 4-6-7 所示。

①数据源 SC4-6-1.xls 的保存位置（绝对路径）与"照片"字段取值相关。即这里已经将全部考生的照片保存在"E:\4.6\素材\照片"路径下了。

学号	姓名	性别	身份证号	准考证号	考点	考场	座位	照片
1	张一东	男	132802199307123820	001	廊坊职业技术学院	2	10	E:\\4.6\\素材\\照片\\1.jpg
2	李佳明	男	132802199301153820	002	廊坊职业技术学院	2	11	E:\\4.6\\素材\\照片\\2.jpg
3	季节	女	132802199310113821	003	廊坊职业技术学院	2	12	E:\\4.6\\素材\\照片\\3.jpg
4	闫紫妍	女	132802199302053821	004	廊坊职业技术学院	2	13	E:\\4.6\\素材\\照片\\4.jpg
5	卫兵	男	132802199311113820	005	廊坊职业技术学院	2	14	E:\\4.6\\素材\\照片\\5.jpg
6	陈开	男	132802199304133820	006	廊坊职业技术学院	2	15	E:\\4.6\\素材\\照片\\6.jpg
7	国京	男	132802199306213820	007	廊坊职业技术学院	2	16	E:\\4.6\\素材\\照片\\7.jpg
8	石虎	男	132802199301093820	008	廊坊职业技术学院	2	17	E:\\4.6\\素材\\照片\\8.jpg
9	南京江	男	132802199303303820	009	廊坊职业技术学院	2	18	E:\\4.6\\素材\\照片\\9.jpg
10	任初雨	男	132802199308103820	010	廊坊职业技术学院	2	19	E:\\4.6\\素材\\照片\\10.jpg
11	金正西	男	132802199305053820	011	廊坊职业技术学院	2	20	E:\\4.6\\素材\\照片\\11.jpg
12	赵立月	女	132802199304163821	012	廊坊职业技术学院	3	1	E:\\4.6\\素材\\照片\\12.jpg
13	钱波	男	132802199307183820	013	廊坊职业技术学院	3	2	E:\\4.6\\素材\\照片\\13.jpg
14	孔令洁	女	132802199306053821	014	廊坊职业技术学院	3	3	E:\\4.6\\素材\\照片\\14.jpg
15	周琦	女	132802199308303821	015	廊坊职业技术学院	3	4	E:\\4.6\\素材\\照片\\15.jpg
16	吴迪	男	132802199309103820	016	廊坊职业技术学院	3	5	E:\\4.6\\素材\\照片\\16.jpg
17	郑景涛	男	132802199309193820	017	廊坊职业技术学院	3	6	E:\\4.6\\素材\\照片\\17.jpg
18	王炎	女	132802199307203821	018	廊坊职业技术学院	3	7	E:\\4.6\\素材\\照片\\18.jpg
19	汪为科	男	132802199312123820	019	廊坊职业技术学院	3	8	E:\\4.6\\素材\\照片\\19.jpg
20	武左一	男	132802199302033820	020	廊坊职业技术学院	3	9	E:\\4.6\\素材\\照片\\20.jpg

图 4-36　数据源

②"照片"字段取值书写方法：路径中的"\"必须写为"\\"。

③"照片"字段的输入可以使用 Excel 中的填充功能实现。

注意：以上这些针对数据源的准备工作应该在其他域的插入之前完成，并保存。

"照片"的导入——Word 域的应用。选择照片框放置输入光标，输入域。

输入方法：按键盘组合键 Ctrl + F9，出现{}后在大括号中间输入：includepicture""。然后将光标定位于一对英文""之间，再按组合键 Ctrl + F9。这时便又出现了一对大括号{includepicture"{}"}。接下来在第 2 个大括号中输入：mergefield"照片"。最后，所输入的全部样式应该是{includepicture"{mergefield"照片"}"}。输入完成后将光标置于全部域序列末尾，按 Enter 键确认。

域的介绍

［1］includepicture：插入指定的图形{includepicture "FileName"}；fileName 参数指定图形文件所在位置即路径，但路径书写时用双反斜扛代替单反斜扛。

［2］mergefield：指定合并字段{mergeField FieldName}；其中 fieldName 为数据源中"照片"列的字段名称。

全部域插入之后，如图 4-37 所示。

4．创建准考证文档

单击图 4-33 中倒数第 4 个按钮"合并到新文档"，在对话框中对要合并的记录进行选择。

5．察看效果

按"合并到新文档"按钮，可以看到自动生成了我们打印后的效果。如果看不见图片，没关系，按 Ctrl + A 组合键全选所有合并的文档，再按 F9 键，这时图片便出来啦！将准考证缩小比例显示，效果如图 4-38 所示。

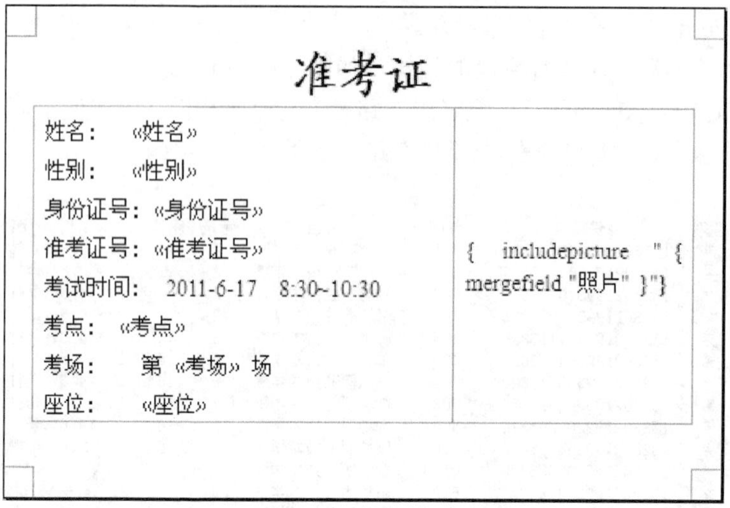

准考证

姓名：　《姓名》 性别：　《性别》 身份证号：《身份证号》 准考证号：《准考证号》 考试时间：　2011-6-17　8:30~10:30 考点：　《考点》 考场：　第《考场》场 座位：　《座位》	{ includepicture " { mergefield "照片" }"}

图 4-37　域插入完成

图 4-38　新文档

6．保存生成的准考证文档

效果参见 YZ4-6-1.doc。

提示：前面我们编辑的准考证主文档的纸张大小为 12cm×8cm，在实际工作中要把这样的准考证一张张打印出来也很麻烦，如果能在普通的 A4 纸上一页打印多张就好了，是不是可以应用表格呢？

7．创建新的主文档

创建新的主文档，如 SC4-6-2.doc 所示。

提示：将一张 A4 纸横向放置用表格划分成 4 个区域，然后将 SC4-6-1.doc 中的内容复制一份过来。如图 4-39 所示，使用"另存为"进行保存。

8．对图 4-39 左上角的准考证插入域

操作同上，不再赘述。

9．将已经包含域代码的主文档复制到其他 3 个单元格中

照片域在复制后有时会不显示，不必管它。

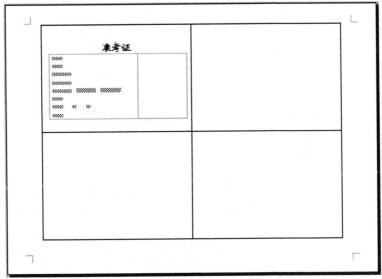

图 4-39　新建主文档

10．插入 Word 域

将光标分别置于通过复制得到的 3 个主文档标题之前，单击"邮件合并"工具栏中的"插入 Word 域"按钮，选择"下一记录"项，出现《Next Record》字样，如图 4-40 所示。

图 4-40　插入 Word 域

11．察看效果

"合并到新文档"，操作同前，就可以得到每页 A4 纸打印 4 份准考证的效果了！效果参见 YZ6-4-2.doc。这样再打印起来就方便多了，如图 4-41 所示。

提示：邮件合并用于格式文档的制作方便、快捷，总结其操作步骤为：数据源准备→创建或打开主文档→插入合并域→合并生成新文档→保存、打印。

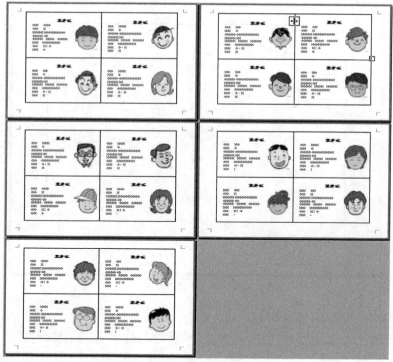

图 4-41　一页多张

4.7　长文档排版

任务描述

篇幅比较长的文档在日常生活中是很常见的，令人感觉苦恼的是，文档前后格式常常发生不一致的现象，而且要查找文章某一部分的内容也很麻烦。本例通过 Word 文字编辑软件对长文档的格式进行设置，达到规范文档的基本目的。

实现方案

1．设置页面及文档属性。
2．文档设置节。
3．为文档添加页眉和页脚。
4．规范样式为文档添加目录。

相关知识点

■　文档的建立、保存。
■　文档属性、样式。
■　文字编辑节、目录建立。

■　封面的制作。

操作步骤

打开"SC4-7-1.doc"进行排版，具体操作步骤如下。

1．设置页面及文档属性

（1）设置页面纸张大小：A4；设置页边距：上为 2.5 厘米，下为 2 厘米，左、右各为 2 厘米；装订线为 1 厘米；页眉和页脚：奇偶页不同；距页边距：页眉为 1.5 厘米，页脚为 1.5 厘米。

（2）封面文字格式。

①"封面"节的划分：将光标置于光标题第 1 页行首，选择"插入"→"分节符（下一页）"，如图 4-42 所示，出现一空白页，该页将成为文档封面。

② 在封面页复制文章标题等信息，并设置格式。

标题：一号，黑体，加粗，居中，段前 10 行。

姓名：三号，楷体，加粗，居中，字符间距 加宽 8 磅，段前 3 行。

单位：小二，楷体，加粗，居中，段前 20 行。

（3）设置文档属性，选择"文件"→"属性"命令进行设置，如图 4-43 所示。

图 4-42　插入分节符

图 4-43　文档属性设置

2．设置封面背景图片

（1）首先将光标定位在首页。

（2）选中"视图"→"页眉和页脚"。

（3）选择"插入"→"图片"→"来自文件"命令，选择素材文件 SC4-7-2.jpg→"插入"按钮，如图 4-44 所示。

（4）右击图片→选择快捷菜单中的"设置图片格式"命令，将图片设置为"衬于文字下方"，如图 4-45 所示。

（5）放大、移动图片至合适的大小和位置。

（6）单击"页眉和页脚"工具栏上的"关闭"按钮，退出"页眉和页脚"编辑状态，如素材文件 YZ4-7-1.jpg 所示。

3．"目录"节的划分

光标置于第 2 页首字符之前，输入"目录"字样，按 Enter 键两次，选择"插入"→"分隔符"→"分节符（下一页）"，目录页独立出来。

4．"摘要和关键词"节的划分

光标置于"随着网络在大众生活中的普及，网络消费……"一行行首，选择"插入"→"分隔符"→"分节符（下一页）"。至此，整篇文档划分为 4 节，即"封面"节、"目录"节、"摘要和关键词"节、"正文"节。

图 4-44　插入图片

图 4-45　设置图片格式

5．设置"摘要"所在页格式

（1）标题：小一号，宋体，加粗，居中，段前 2 行，段后 1 行。

（2）作者信息：将作者姓名和单位置于同一行，且两者之间空 2 个字符；四号、楷体、加粗、居中；段后 1 行。

（3）"摘要"和"关键词"格式设置：四号，仿宋，1.5 倍行距，段后 0.5 行；"摘要："和"关键词："为加粗。

6．标题样式规范化

说明：这里我们仅介绍"自定义样式"。

正文内容设置为小四，宋体，1.5 倍行距，段后 0.5 行；首行缩进 2 字符；参考文献内容设置为五号，宋体（英文及数字字体为 Times New Roman），单倍行距。

（1）样式定义。

① 单击"格式"→"样式和格式"命令，启动"样式和格式"任务窗格，如图 4-46 所示。

② 选中"一．大学生网络消费现状"所在行，设置一级标题格式，小二号，宋体，加粗，取消首行缩进。

③ 单击"新样式"按钮（一．大学生网络消费现状"所在行仍然处于选中状态）打开"新建样式"对话框，如图 4-47 所示；将默认的样式"名称"为"论文 1"，单击"确定"按钮返

图 4-46　"样式和格式"任务窗格

回任务窗格，名为"论文 1"被添加至"请选择要应用的格式"列表中。

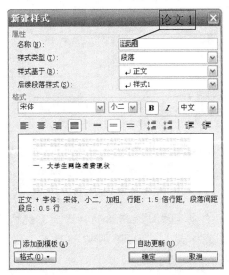

图 4-47 "新建样式"对话框

（2）样式应用。

① 选中刚刚设置的标题，单击任务窗格中的"论文 1"样式，使新样式应用其上，如图 4-48 所示。

② 双击"常用"工具栏中的"格式刷"按钮，对其他的文档一级标题进行格式设置。

说明： 同理设置文档的二级标题样式"论文 2"，宋体，小三号，加粗，并应用到全部二级标题上，如图 4-49 所示。

图 4-48 一级标题样式

图 4-49 二级标题样式

7．为文档添加目录

说明： 这里使用"索引和目录"命令，方便在长文档中查找信息。

（1）将光标置于"目录"下面一行的行首，单击"插入"→"引用"→"索引和目录"命令，打开"索引和目录"对话框，选择"目录"选项卡，如图 4-50 所示。

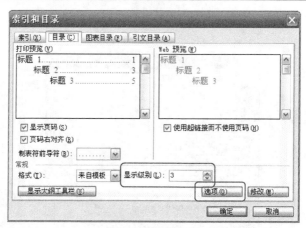

图 4-50　索引和目录

说明：这里默认指定使用自动生成目录所用的样式为系统内置样式"标题 1"、"标题 2"、"标题 3"；而我们要使用自定义样式生成目录，所以将样式进行"指定"为"论文 1"和"论文 2"，且显示级别由默认的 3 级改为 2 级。

（2）单击"显示级别"微调按钮，将"显示级别"改为 2。

（3）单击"选项"按钮指定要生成目录的样式，在打开的图 4-51 所示的"目录选项"对话框中，删除"标题 1"和"标题 2"对应的目录级别编号，以去掉系统对默认样式的选择；使用垂直滚动条查找"论文 1"和"论文 2"样式，分别手工录入对应的级别编号，如图 4-52 所示，单击"确定"按钮，返回"索引和目录"对话框，如图 4-53 所示。

图 4-51　目录选项设置 1

图 4-52　目录选项设置 2

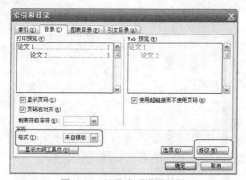

图 4-53　目录选项设置效果

（4）通过"打印预览"查看目录的样式，如果对格式不太满意，可以单击格式下拉列表使用其他目录格式；也可单击"修改"按钮进行修改，打开"样式"对话框，可以设置有别于"来自模板"格式的目录格式，但是这种方法只能在目录格式为"来自模板"时有效，如图 4-54 所示。

（5）在图 4-54 的样式列表中选择目录级别，再单击"修改"按钮，打开"修改样式"对话框，单击图 4-55 左下角的"格式"按钮，可弹出格式种类的列表，方便选择，可对目录的字体、段落、项目符号和编号等内容进行重新设置。这里不再赘述。

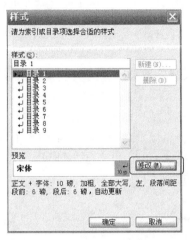

图 4-54　设置目录格式

图 4-55　修改目录样式

（6）设置目录标题格式：小一号，宋体，居中，加粗，字符间距 8 磅，段前、段后各 1 行。

（7）如样张 YZ4-7-3.jpg 所示选用的目录格式为"正式"。

说明：页眉和页脚设置要求如下。

① 第 1 节："封面"页。只插入图片，无页眉和页脚。

② 第 2 节："目录"页。无图片，仅设置页码，格式为"Ⅰ，Ⅱ，Ⅲ…"。

③ 第 3 节："摘要和关键词"页。无图片，设置页码，格式为"Ⅰ，Ⅱ，Ⅲ……"续前节。

④ 第 4 节：正文页。奇数页，页眉为本文标题"大学生网络消费心理分析"，右对齐；页脚右对齐显示页码，起始页码为 1。偶数页（页眉为作者信息（单位、姓名），左对齐；页脚左对齐显示页码，与本节奇数页连排。

8．页眉和页脚设置

（1）第 1 节已经设置完毕。

（2）第 2 节设置方法如下。

① 光标置于第 2 节任意位置，选择"视图"→"页眉和页脚"命令；启动"页眉和页脚"工具栏，按"在页眉和页脚间切换"，如图 4-56 所示。

② 单击"页眉和页脚"工具栏第 4 个按钮"设置页码格式"，如图 4-57 所示。

③ 单击"页眉和页脚"工具栏第 2 个按钮"插入页码"，并将页码右对齐。

④ 分别进入页眉和页脚编辑区，单击工具栏倒数第 5 个按钮，撤销"链接到前一个"状态，使页眉、页脚区的"与上节相同"字样消失。

⑤ 这时如果本节有自动插入的背景图片，就可以直接单击选中，将其删除，而第 1 节不会受到任何影响。

图 4-57　设置页码格式 1

图 4-56　"页眉和页脚"工具栏

（3）第 3 节：同理设置本节页码，但页码的编排选择"续前节"，所以页眉和页脚区的"与上节相同"字样需要保留。

（4）第 4 节：断开与第 3 节的链接（注意奇数页和偶数页要分两次，一共去掉 4 个与前节的链接），重新设置"页眉和页脚"。

① 光标置于奇数页页眉最右端，单击"插入"→"域"命令，如图 4-58 进行设置。

② 光标置于奇数页页眉最右端，单击"插入"→"域"命令，如图 4-59 进行设置。

③ 将光标置于偶数页页眉最左端，直接输入"电商 G0801　叶子"即可。

④ 光标置于奇数页页脚最右端，先设置页码格式为"1，2，3…"，如图 4-59 所示，插入页码。

图 4-58　插入奇数页页眉域

图 4-59　设置页码格式 2

⑤ 光标置于偶数页页脚最右端，直接插入页码即可。

⑥ 关闭"页眉和页脚"编辑状态。

9．返回目录

可以使用 Ctrl+单击，实现文档内容的查询，参见 YZ4-7-4.doc。

4.8　实 训 项 目

项目一

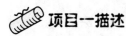 项目一描述

启动 Word 软件，新建空白文档，以"练习.doc"为文件名进行保存，并输入以下内容。

长歌行

青青园中葵，朝露待日晞。
阳春布德泽，万物生光辉。
常恐秋节至，焜黄华叶衰。
百川东到海，何时复西归。
少壮不努力，老大徒伤悲。

注释：
此诗选自汉乐府。乐府是自秦代以来设立的朝廷音乐机关，汉武帝时得到大规模的扩建，从民间搜集了大量的诗歌作品，内容丰富，题材广泛。本诗是其中的一首。

 项目一要求

对"练习.doc"中输入的内容进行如下设置。

1. 页面设置

纸张大小为 A4、纵向，上下边距各为 2 厘米，左右边距各为 3 厘米，文中内容相对页面垂直对齐方式为居中。（提示：在"页面设置"对话框的"版式"选项卡中进行相应设置）。

2. 字符格式设置

（1）设置标题：楷体、小初、加粗、蓝色、阴影效果、字符间距加宽 1.5 磅，文字效果为赤水深情。

（2）设置诗的内容：宋体，小三，加粗，字符缩放 150%。

（3）设置注释部分："注释"二字为仿宋，三号，加粗；其他文字为仿宋，小号，加粗，倾斜。

3. 段落格式设置

（1）设置标题：居中，段后 1.5 行。

（2）设置诗的内容：居中，单倍行距。

（3）设置注释部分："注释"二字段前 1 行，行距为 18 磅；其余内容首行缩进 2 字符。

项目二

 项目二描述

张月即将毕业，需要在学业完成前提交一份毕业论文，毕业论文由两部分组成：封面和论文内容。要求使用 Word 编辑该论文，力求封面美观大方，正文内容需要应用格式和样式进行相应设置。

 项目二要求

新建 Word 文档，以"毕业论文.doc"为文件名进行保存。

1．页面设置

（1）纸型：A4，纵向，单面打印。

（2）页边距：上、下、右均为 2 厘米，左 3 厘米。

（3）装订线：左装订，距离左边 2 厘米。

（4）设置艺术型页面边框，应用范围：本节—只有首页。

2．封面设置

图 4-60　封面样张

（1）在左上角插入系标图片。

（2）第一行、第二行、第三行内容为艺术字，前两行艺术字样式为第 1 行第 1 列样式，宋体，36 号，填充颜色为黑色。第三行内容为第 5 行第 1 列艺术字样式，隶书，40 号，填充色为预设的蓝宝石、斜上的效果，阴影样式 18。

（3）"题目"二字为二号、黑体、加粗，题目内容加下画线，字号为三号，黑体，加粗，居中。

（4）插入素材图片 SC4-8-1.jpg ，设置大小与页面等大，衬于文字下方。

3．正文内容设置

在封面下方使用"插入"→"分隔符"命令，选择"分页符"，插入下一页，选择"插入"→"文件"命令插入素材文件"SC4-8-1.doc"，进行如下设置。

（1）标题。

①标题：黑体、加粗、二号、居中，段前间距为 17 磅，段后间距为 10 磅，行距为 1.5

倍行距。

②标题下注明班级、姓名、学号，楷体、四号，段后 1.5 行。

（2）正文。

① 字体：中文为小四号宋体，英文为小四号 Times New Roman。

说明：文中一级标题统一应用标题 1 样式，二级标题应用标题 2 样式，依此类推。

标题 1 样式修改为：宋体，四号，加粗，左对齐。

标题 2 样式修改为：宋体，小四号，加粗，左对齐。

（样式的修改方法参照 4.7 节）

② 行距：单倍行距，首行缩进 2 字符。

③ 页码：页面底端，居中。

4．参考文献设置

参考文献的标注采用顺序编码制，即按在设计中出现的次序用【1】、【2】、【3】等表示序号。

项目三

 项目三描述

六一儿童节快到了，电影院特别给小朋友准备了几部好看的儿童电影，现需要制作一些宣传彩页发给小朋友。彩页要求 A4 纸张，正反面印刷，正面是影片介绍，反面是精心为小朋友设计的课程表，样张如图 4-61 所示。

图 4-61　样张

 项目三要求

1．新建 Word 文档，以"宣传彩页.doc"为文件名进行保存。

2．页面设置

利用"插入"→"分隔符"（分节符中的"下一页"）生成两张空白页，第一页 A4 纸型，上、下、左、右边距均为 2 厘米，纵向（应用于"本节"）；第二页横向。

3．第一页设置

（1）插入艺术字"太阳影剧院祝小朋友"，华文新魏，40 号，第 1 行第 3 列样式，艺术字形状为细上弯弧，填充色为渐变双色：颜色 1 为黄色，颜色 2 为红色，角部辐射，文字环绕方式四周型，并适当调整大小及位置。

（2）插入艺术字"六一儿童节快乐"，方正舒体，44 号，第 3 行第 4 列样式，艺术字形状双波形 1，文字环绕方式为四周型。

（3）插入自选图形中的圆角矩形，线条、填充色（半透明）自定，浮于文字上方，插入图片及艺术字。右侧插入文本框，输入文字如样张（见图 4-61）所示，设置文本框的填充及线条颜色均设为无。

（4）使用自选图形作为分隔符。

（5）复制一个圆角矩形，修改其中内容。

（6）最下方插入文本框，输入艺术字如样张所示，线条、填充色均设为无。

（7）插入素材图片，大小与页面等大，衬于文字下方。

4．第二页设置

（1）插入艺术字"课程表"，第 1 行第 1 列样式，填充色自定，浮于文字上方。

（2）插入一个 9 行 6 列的表格。按照样张进行相应设置，并输入相应文字，设置为中部居中对齐。

（3）插入素材图片，适当调整对比度、亮度，衬于文字下方。

第5章

Excel 表格制作

5.1 年级学生档案

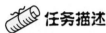 **任务描述**

新生入校时，为了更好地开展学生管理工作，为学生管理人员及班主任开展学生管理工作提供资料，需要按年级根据每个学生的基本情况建立年级学生档案。本节课我们的任务就是帮助我们系的学管老师建立 2010 级学生档案。

 实现方案

1. 年级学生档案是将某年级学生信息放在一个工作簿中，把年级中同一班的学生信息放在一个工作表中。

2. 学生档案中包括学号、姓名、性别、籍贯、出生日期、入学分数、毕业院校等基本信息，为了美观，可对文字表格作适当修饰。

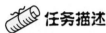 **相关知识点**

- 工作簿的建立、保存。
- 工作表的建立、删除、重命名。
- 工作表中各种类型数据的输入。
- 单元格格式设置。
- 文档的加密与保护。

 操作步骤

1. 建立文档、保存

启动 Excel，显示空文档，单击工具栏"保存"按钮，在相应位置起名"年级学生档案.xls"保存。

2. 更改工作表的名称

右键单击 Sheet1 标签，在弹出的快捷菜单中单击"重命名"命令（或双击 Sheet1 标签），将工作表的名称改为新名称即可，如本例中输入"网络技术 G1001"。

3．输入表头

在 A1～L1 单元格中输入学号、姓名、性别、出生日期、民族、籍贯、专业名称、毕业学校、联系电话、入学成绩、身份证号等内容。

4．输入该班学生档案的具体信息

建议：同学们可以根据自己班级的实际信息录入。

（1）输入学号

录入学号、身份证号等非运算数字时，应先输入一个英文字符的单引号（如'102365001）；或者将单元格格式类型设置为文本（可以通过选定相应列后，单击菜单栏"格式"→"单元格"打开"单元格格式"对话框，单击"数字"选项卡，在"分类"列表中选择文本）。

（2）输入其他各列数据

注意：出生日期为日期型数据格式。

（3）利用数据有效性输入性别列数据（可选）

① 选中 C2 单元格，单击菜单栏"数据"→"有效性"，弹出"数据有效性"对话框，如图 5-1 所示；

② 在"设置"标签下，按"允许"右侧的下拉菜单，选择"序列"选项，然后在"来源"方框中输入序列的各元素（本例中为男、女），用英文逗号分隔，单击"确定"按钮，如图 5-1 所示。

③ 单击 C2 单元格，在右侧的下拉列表中选择相应的元素。

④ 双击 C2 单元格的填充柄，则本列所有单元格应用了数据有效性，根据需要在右侧的下拉列表中选择相应的元素即可。

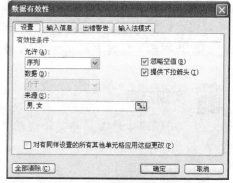

图 5-1 "数据有效性"对话框

说明：有时单元格显示一串"#"号，而编辑区显示正确数据，这表示列宽不够，只要加大显示宽度即可正确显示。

以上内容正确无误地输入完毕之后，便得到图 5-2 所示的学生档案工作表。

	A	B	C	D	E	F	G	H	I	J	K
1	学号	姓名	性别	出生日期	民族	籍贯	毕业学校	专业名称	联系电话	入学成绩	身份证号
2	1023080001	曲胜雷	男	1993-1-22	汉族	广阳新星里小	广阳六中	计算机网络	13191962222	400	131002199301223835
3	1023080002	董荣荣	女	1991-11-5	满族	曙光道	广阳四中	计算机网络	13082067954	399	130731199111054419
4	1023080003	袁英杰	男	1993-3-27	汉族	广阳道北新里	市七中	计算机网络	13832682715	467	130431199303272115
5	1023080004	刘情	女	1991-11-8	汉族	内蒙古根河市	广阳三中	计算机网络	13180377900	456	131128199111085784
6	1023080005	汪纯	女	1991-1-5	汉族	大厂镇永安路	大厂二中	计算机网络	13603164600	550	131082199101054100
7	1023080006	李子严	女	1991-11-28	汉族	霸州镇	霸州三中	计算机网络	13933928999	399	131028199111284921
8	1023080007	倪久杰	男	1991-4-17	汉族	大城平舒镇	大城二中	计算机网络	13131619575	456	130821199104171820
9	1023080008	倪久凯	男	1991-5-30	汉族	霸州镇	霸州实验	计算机网络	13393261819	444	120101199105303025

图 5-2 学生档案工作表

5．设置表头文字格式

（1）选中相应文字内容。

（2）单击菜单栏"格式"→"单元格"，在打开的"单元格格式"对话框中单击"字体"选项卡，进行字体设置：宋体，加粗，12，黑色。

（3）单击"对齐"选项卡，进行对齐设置：水平居中、垂直居中。

6．设置表格边框和底纹

（1）选中整个表格，打开"单元格格式"对话框。

（2）单击"边框"选项卡，进行边框设置：外边框粗实线、内边框细实线。

（3）单击"图案"选项卡，进行底纹设置：身份证列底纹颜色为"浅青绿"。

7．重复第 2～6 步，在 Sheet2 工作表中建立网络技术 G1002 班学生档案

表头可以通过"复制/粘贴"实现，不必重复录入。每个表中输入 2～4 条信息即可。

8．按照上述方法，建立其他班级学生档案

一般的工作簿中包含有 3 个默认的工作表，工作表标签名称为 Sheet1、Sheet2、Sheet3，根据年级班级数情况，通过插入或删除工作表，建立其他班级学生档案。

如在 Sheet3 前插入新工作表 Sheet4：将鼠标指针移到 Sheet3 工作表的标签上右击，在弹出的快捷菜单中单击"插入"命令，插入新工作表 Sheet4。

可以删除多余的工作表：将鼠标移到要删除的工作表的标签上右击，在弹出的快捷菜单中单击"删除"命令即可。

9．文档的加密

对于重要的工作簿文件可以设置"打开权限密码"和"修改权限密码"，以防他人非法打开和修改。步骤如下。

（1）单击菜单栏"文件"→"另存为"，打开"另存为"对话框。

（2）单击选择"另存为"对话框的"工具"→"常规选项"，将打开"保存选项"对话框，根据需要输入密码后，单击"确定"按钮即可。

10．文档的保护

如果只允许他人看，但不允许他人修改工作簿和工作表内容，可以对工作簿和工作表进行保护，步骤如下。

（1）单击菜单栏"工具"→"保护"→"保护工作表"，打开"保护工作表"对话框；在对话框中设置取消保护的密码及其他人对工作表的权限。

（2）单击菜单栏"工具"→"保护"→"保护工作簿"，打开"保护工作簿"对话框；在对话框中设置保护的密码及其保护工作簿的结构、窗口等信息。

5.2　校学期课程总表

任务描述

每个学校新学期上课前，为了更好地进行教学管理，合理使用公共资源，教务处都要将学校每个班的课程表进行汇总，将本学期所有开设的课程建立一个总表。本节我们的任务就是帮助教务处老师建立校学期课程总表。

实现方案

1．校学期课程总表是将每个班的课程信息放在一个工作表中。

2．我们都知道班级课程表包括每节都上什么课，任课教师姓名、上课地点等基本信息。

校学期课程总表还需要包括班级名称、班级人数等。

3．我们每周按 5 天上课、每天 8 节课设计表格，先对表格进行大致规划，画出草图。

4．为了方便查阅，表头行和班级列部分的窗格应被冻结。

5．因为表格比较大，一页放不下，为了打印时每页都有表头信息，需要设置打印标题。

6．为了美观，可对文字表格作适当修饰。

相关知识点

- 单元格合并与格式设置。
- 设置单元格的行高和列宽。
- 窗格冻结与取消。
- 工作表的页面设置与打印。

操作步骤

1．建立和保存文档

启动 Excel，显示空文档，单击工具栏"保存"按钮，在相应位置命名为"校学期课程总表.xls"保存。

2．在 Sheet1 工作表中建立课程表标题及表头

我们规划的学期课程总表如图 5-3 所示。

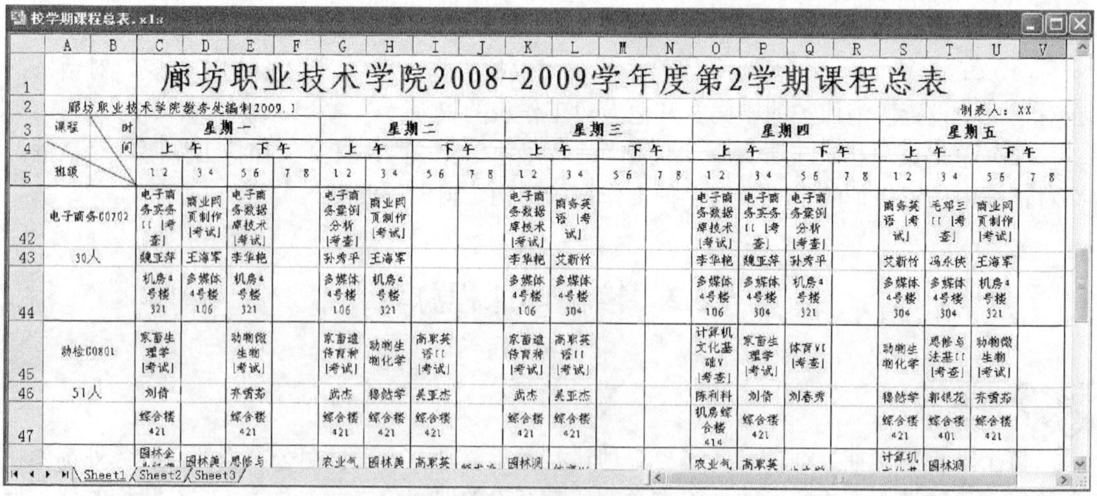

图 5-3　学期课程总表

（1）在 A1 单元格输入"廊坊职业技术学院 2008—2009 学年度第 2 学期课程总表"作为表标题；在 B2 单元格输入"廊坊职业技术学院教务处编制 2009.1"。

（2）在 A3 单元格输入"课程"，B3 单元格输入"时"，B4 单元格输入"间"，A5 单元格输入"班级"，在 A4 单元格的左上角到 B5 单元格的右下角插入一条直线作为斜线表头，在 B3 单元格左上角到 B5 单元格的右下角插入另一条直线作为斜线表头。

（3）在 C3 单元格输入"星期一"（仿宋，12 号，加粗），C4 单元格输入"上午"，E4 单元格输入"下午"，在 C5～F5 单元格依次输入"12"、"34"、"56"、"78"（仿宋，10 号）。

（4）合并单元格：选中 C3～F3，单击格式工具栏中"合并及居中"按钮，将"星期一"放到合适位置；用同样方法合并 C4 和 D4 单元格、E4 和 F4 单元格，星期一表头部分就做好了。

（5）按照相同的方法建立星期二到星期五的表头部分。也可以选定星期一表头部分，通过"复制"、"粘贴"的方法快速建立星期二到星期五的表头部分。

（6）修饰标题：选中 A1～V1 单元格，单击格式工具栏中"合并及居中"按钮，并设置标题的字体（仿宋）、字号（24）；在 T2 单元格输入"制表人：××"，××用自己的名字代替（仿宋，10 号）。

（7）设置第 3～5 行文本信息对齐方式：除 B3 和 B4 单元格水平右对齐外，其他单元格居中对齐。打开"单元格格式"对话框，单击"对齐"选项卡，设置对齐方式。

3．输入某班的课表信息（仿宋，10 号）

（1）在 A6 单元格输入班级名称；A7 单元格输入班级人数；C6 单元格输入周一第 12 节的课程名称；C7 单元格输入周一第 12 节的任课教师；C8 单元格输入周一第 12 节的上课地点；并选择文本控制方式为"自动换行"，文本对齐方式为水平垂直居中。

（2）合并 A6 和 B6 单元格，合并 A7 和 B7 单元格，合并 A8 和 B8 单元格。

（3）输入该班级课表其他时间的课程信息，没有课的空白。

4．按照上述方法输入其他班级的课表信息

5．设置表格边框

按照前面的规划图样式设置课程总表的边框。

6．设置列宽和行高

（1）选定所有列，单击菜单栏"格式"→"列"→"列宽"，设置列宽为 5。

（2）将鼠标移至所选行号的下边框上，当鼠标指针变为"十"形时，按住鼠标左键向上或向下拖动，调整所有行高为合适的高度。

7．冻结表头行和班级列窗格

选定 C6 单元格，单击菜单栏"窗口"→"冻结窗格"。

8．进行页面设置

在所有数据输入完毕并进行必要的修饰后，需要设置页面，设置页边框，为打印输出作好准备。

（1）单击菜单栏"文件"→"页面设置"，打开"页面设置"对话框。

（2）单击"页面"选项卡，设置纸张大小为 A4，纸张方向为横向；缩放比例为 100%。

（3）单击"页边距"选项卡，设置上、下、左、右边距均为 1。

（4）单击"页眉/页脚"选项卡，在页脚下拉列表中选择"第 1 页，共? 页"选项。

（5）单击"工作表"选项卡，设置打印区域为整个课程表，设置打印顶端标题行的区域为$3:$5。

（6）单击"确定"按钮即可。

说明：在页面设置的每一步，都可单击"页面设置"对话框上的"打印预览"按钮查看效果，随时调整边距、缩放比例、行高等设置，以获得最佳打印效果。

5.3 各班课程表及校历

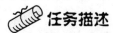 **任务描述**

新学期上课前，都要给每个班发放班级课程表，使同学清楚地知道本学期每天都上哪些课，以便提前作好准备。还要发放一个校历，使同学和老师都清楚本学期的上课周数、放假安排等。本节我们的任务就是帮助教务处老师建立各班课程表及本学期校历。

 实现方案

1. 每个班的课程表内容不同，但格式相似，可以使用模板。
2. 我们都知道班级课程表包括每节都上什么课，任课教师姓名、上课地点等基本信息。
3. 校历中数字可以使用填充。
4. 为了方便老师同学查阅，可以发布到校园网。

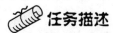 **相关知识点**

■ 模板的建立与使用。
■ 单元格数据的换行输入。
■ 工作表内容的复制与粘贴。
■ 数据的快速填充录入。
■ 工作表的网上发布。

 操作步骤

1. 按照图 5-4 所示建立课表模板

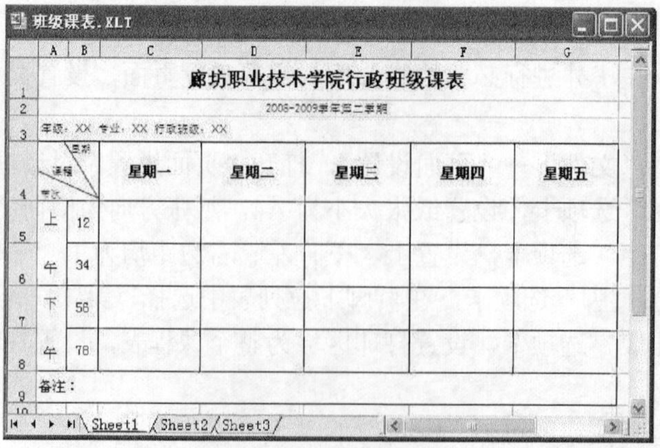

图 5-4 班级课表模板

（1）启动 Excel，显示空文档，单击工具栏"保存"按钮，在相应位置起名"班级课表.xlt"

保存，注意保存类型选模板（*.xlt）。

（2）在 Sheet1 工作表中 A1 单元格输入"廊坊职业技术学院行政班级课表"，设置字体宋体、字号 16，合并居中 A1~G1 单元格；在 A2 单元格输入"2008—2009 学年第二学期"（宋体，10），合并居中 A2~G2 单元格；在 A3 单元格输入"年级：×× 　专业：×× 行政班级：××"（宋体，10）。

（3）在 A4 单元格输入"星期　课程　节次"（字号为 9），插入 2 条斜线。

注意：同一单元格数据的换行输入（方法为按住 Alt+Enter 组合键实现换行）。

（4）在 C4~G4 单元格依次输入星期一到星期五（宋体，加粗，12）。

（5）按图 5-4 规划输入其他行内容，合并单元格，并设置边框。

（6）选择第 C~G 列，单击菜单栏"格式"→"列"→"列宽"，设置列宽为 12；选择第 5~8 行，单击菜单栏"格式"→"行"→"最适合的行高"。

（7）设定 C5：G8 单元格的文本控制方式为"自动换行"。

（8）在 A9 单元格输入"备注："，合并 A9~G9 单元格。

（9）删除 Sheet2 和 Sheet3 工作表。

（10）单击菜单栏"文件"→"关闭"，关闭"班级课程表.xlt"文件。

2．根据模板生成某实际班级课表

（1）单击菜单栏"文件"→"新建"，在新建工作簿任务窗格中选择"本机上的模板"，在打开的"模板"对话框中单击选择"班级课表.xlt"，单击"确定"按钮。

（2）系统自动生成一个名为班级课表 1 的工作簿，在 Sheet1 工作表中已经自动生成课表框架，按照实际情况输入课程信息，并将"年级：×× 专业：×× 　行政班级：××"中的××替换成实际班级信息。

（3）双击 Sheet1 工作表标签，重命名为××班课程表（××为实际班级）。

（4）右键单击 Sheet2 工作表标签，在弹出的快捷菜单中选择"插入"命令，出现"插入"对话框，在"常用"选项卡中单击选择"班级课表.xlt"，在工作表中自动生成课表框架，按照实际情况输入课程信息，并将××替换成实际班级，双击工作表标签，重命名为××班课程表（××为实际班级）。

3．通过复制工作表建立其他班课表

建立好一个班级的课表后，也可以通过复制工作表的方法建立其他班级课表。具体步骤如下。

（1）右键单击××班课表工作表标签，在弹出的快捷菜单中选择"移动或复制工作表"命令，在出现的"移动或复制工作表"对话框中选择工作表的位置，注意不要忘记勾选"建立副本"复选框。

（2）在所复制的工作表上修改信息为新班级课程的实际信息，最后重命名工作表的名称为新班级名称即可。

4．通过工作表内容的复制粘贴建立其他班课表

（1）选择已建好的某班课表，单击菜单栏"编辑"→"复制"，将信息存储到剪贴板上。

（2）单击选择新工作表为当前工作表。

（3）单击 A1 单元格，单击菜单栏"编辑"→"粘贴"，完成工作表内容的复制。

（4）修改工作表信息为新班级课程的实际信息，最后重命名工作表的名称为新班级名称即可。

说明：采用第（2）～（4）步介绍的任意一种方法均可建立班级课程表。

5．建立校历

首先规划好校历的样式，如图 5-5 所示。新建工作簿，存储为“校历.xls”。

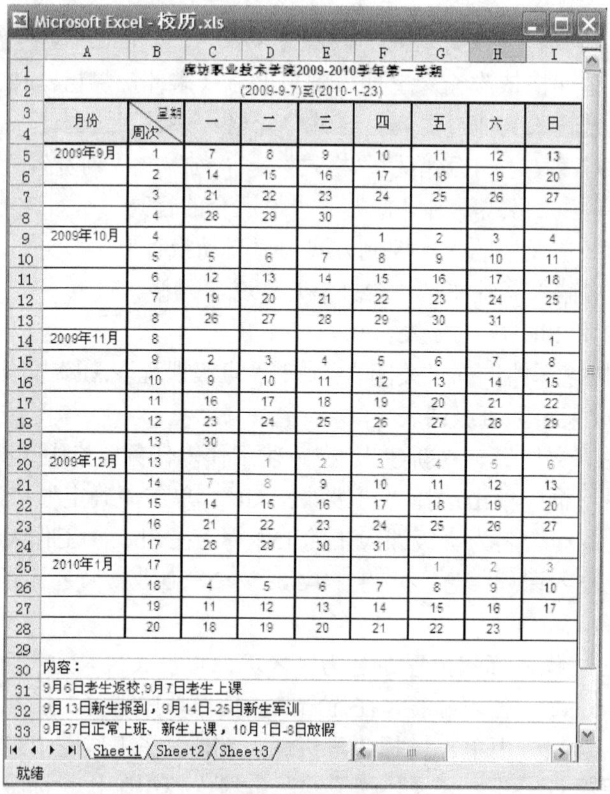
Microsoft Excel - 校历.xls

	A	B	C	D	E	F	G	H	I
1	廊坊职业技术学院2009-2010学年第一学期								
2	(2009-9-7)至(2010-1-23)								
3	月份	星期	一	二	三	四	五	六	日
4		周次							
5	2009年9月	1	7	8	9	10	11	12	13
6		2	14	15	16	17	18	19	20
7		3	21	22	23	24	25	26	27
8		4	28	29	30				
9	2009年10月	4				1	2	3	4
10		5	5	6	7	8	9	10	11
11		6	12	13	14	15	16	17	18
12		7	19	20	21	22	23	24	25
13		8	26	27	28	29	30	31	
14	2009年11月	8							1
15		9	2	3	4	5	6	7	8
16		10	9	10	11	12	13	14	15
17		11	16	17	18	19	20	21	22
18		12	23	24	25	26	27	28	29
19		13	30						
20	2009年12月	13		1	2	3	4	5	6
21		14	7	8	9	10	11	12	13
22		15	14	15	16	17	18	19	20
23		16	21	22	23	24	25	26	27
24		17	28	29	30	31			
25	2010年1月	17					1	2	3
26		18	4	5	6	7	8	9	10
27		19	11	12	13	14	15	16	17
28		20	18	19	20	21	22	23	
29									
30	内容：								
31	9月6日老生返校,9月7日老生上课								
32	9月13日新生报到，9月14日-25日新生军训								
33	9月27日正常上班、新生上课，10月1日-8日放假								

Sheet1 / Sheet2 / Sheet3

就绪

图 5-5　校历样式

（1）在 A1 单元格输入“廊坊职业技术学院 2009—2010 学年第一学期”，在 A2 单元格输入“(2009-9-7)至(2010-1-23)”，设置 A1～I1 单元格合并居中，A2～I2 单元格合并居中。

（2）在 A3 单元格输入“月份”，合并居中 A3～A4 单元格；B3 单元格输入“星期”，对齐方式为水平靠右；B4 单元格输入“周次”，对齐方式为水平靠左。

（3）通过填充输入星期：在 C3 单元格输入“一”，合并居中 C3～C4 单元格；单击 C3 单元格，然后将鼠标指针指向该单元格区域的右下角，待指针显示为黑色“十”形（即填充柄）后，按住鼠标左键向右拖动填充柄至 I3 单元格即可。

（4）输入 9 月份日历。

① 在 A5 单元格输入“2009 年 9 月”。

② 在 B5 单元格输入 1，按住鼠标右键向下拖动 B5 单元格的填充柄至 B8 单元格，在出现的快捷菜单中选择“以序列方式”输入前 4 周次。

③ 在 C5 单元格输入“7”；选择 C5 单元格，单击菜单“编辑”→“填充”→“序列…”，在出现的序列对话框中设置：序列产生在列，等差序列，步长值 7，终止值 30，单击“确定”

按钮。

④ 重新选择 C5 单元格，按住鼠标右键向右拖动 C5 单元格的填充柄至 I5 单元格，在出现的快捷菜单中选择"以序列方式"输入第 1 周的日期。

⑤ 以相同的方法输入第 2～4 周的日期。

注意： 9 月份 30 天，日期填充到 30 即可。

（5）输入 10 月份日历，方法同上。

注意： 每个月结束后，下月 1 日从下一行重新开始，注意星期几的衔接，例如十月一日从 F9 单元格开始录入；因为第 4 周跨越 2 个月份，周次一列有 2 个 4。

（6）输入本学期其他月份。

（7）按图设置边框、底纹。

（8）表格下方输入说明：何时放什么假、教学安排等信息。

（9）关闭工作簿。

6．将校历发布到学校网页

（1）打开"校历.xls"工作簿。

（2）单击菜单栏"文件"→"另存为网页"，在出现的"另存为"对话框中选中"选择工作表"单选按钮，单击"发布"按钮，在"发布为网页"对话框中选择"在 Sheet1 上的条目"，单击"发布"按钮。可以根据实际情况勾选"在浏览器中打开已发布网页"以及"在每次保存工作簿时自动重新发布"复选项。

5.4　学生成绩管理

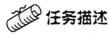 **任务描述**

这学期结束了，对专业班级的成绩进行管理、分析，有助于系部全面了解该专业的学习情况。现通过使用函数、图表、数据透视表等分析手段，对 2009 级信息管理专业 3 个教学班的学期成绩进行计算、统计与分析，从而对该专业学生的学习状况进行总体评价，以利于专业课程建设。

 实现方案

1．利用素材中提供的多张成绩工作表合成 "专业成绩总表"。

2．利用求和（SUM）、求平均值（AVERAGE）等函数在"专业成绩总表"工作表中计算学生个人总成绩、个人平均成绩、专业平均成绩。

3．利用 RANK 函数，根据学生"个人总成绩"在专业内部进行排名。

4．按名次对"专业成绩总表"的全体学生进行排序，评定专业奖学金。

5．对"专业成绩总表"进行统计分析，并制作"专业成绩统计"表，计算出各科目专业平均成绩、专业最（低）高分、应（参、缺）考人数、各分数段学生人数、及格率和优秀率。

6．针对各分数段学生人数，制作图表。

7. 利用"专业奖学金名单"制作数据透视表，进行数据查询。

8. 使用"视图管理器"在"专业成绩总表"中查看专业各班级的学生成绩信息。

相关知识点

- 工作表的复制与粘贴。
- 数据的选择性粘贴。
- 单元格格式设置。
- 函数嵌套。
- 区域引用。
  - 相对引用。
  - 绝对引用。
  - 混合引用。
  - 三维引用。
- 常用函数的使用及其参数的设置。
  - 求和函数 SUM。
  - 求平均值函数 AVERAGE。
  - 四舍五入函数 ROUND。
  - 排位统计函数 RANK。
  - 查找与引用函数 VLOOKUP。
  - 字符串提取函数 MID。
  - 字符串合并函数 CONCATENATE。
  - 数值数据统计函数 COUNT。
  - 区域数据统计函数 COUNTA。
  - 频率分布函数 FREQUENCY。
- 数据排序。
- 数据图表制作、修改及使用。
- 数据透视表的创建及数据分析。
- 视图创建及使用。

操作步骤

1. 利用素材 SC5-4-1.xls 中提供的多张成绩工作表合成"专业成绩总表"

（1）单击"信管 G0901"工作表，选择 A3:H39 的单元格区域，按 Ctrl+C 组合键将其复制到剪贴板；选择"专业成绩总表"工作表，选中 A3 单元格，Ctrl+V 组合键进行粘贴；"信管 G0901"工作表中的学生成绩即被复制到了以 A3 单元格为左上角的矩形区域。

（2）同理，将其他两个班的成绩数据复制到"专业成绩总表"工作表中以 A40 和 A75 单元格为左上角的矩形区域。

2. 利用求和（SUM）、求平均值（AVERAGE）等函数在"专业成绩总表"工作表中计算学生个人总成绩、个人平均成绩、专业平均成绩

（1）计算"个人总成绩"和"个人平均成绩"。

① 在"专业成绩总表"工作表中的 J2 和 K2 单元格添加"个人总成绩"和"个人平均成绩"字样。

② 单击 J3 单元格，设置其适用公式为"=SUM(D3:I3)"；双击 I3 单元格右下角的填充柄，填充所有学生的"个人总成绩"。

③ 同理，在 J3 单元格应用嵌套函数公式"=ROUND(AVERAGE(D3:I3),1)"，插入函数对话框如图 5-6 所示，求出第 1 名学生的"个人平均成绩"，并对其进行四舍五入处理，小数点后保留 1 位小数；双击 J3 单元格填充柄进行其他学生平均成绩填充。

（2）设置"个人总成绩"和"个人平均成绩"内列格式。

① 选中 J2:K109 单元格区域，使用"格式"工具栏设置：字体为宋体，字号 10，对齐方式居中，填充颜色为浅青绿，边框为所有框线，列宽 12。

② 右击选定 J2:K109 区域，选择快捷菜单中的"设置单元格格式"命令。在打开的对话框中单击"数字"选项卡，在"分类"列表中选择"数字"项，设置小数位数为 1。

③ 拖动选中 J、K 两列，在选定区域右击，选择快捷菜单中的"列宽"命令，设置其列宽为 12。

（3）计算"专业平均成绩"，并设置格式。

① 选中 A110 单元格，输入"专业平均成绩"字样。选择 D110 单元格应用 AVERAGE 函数求出各科的"专业平均成绩"，并对其进行四舍五入处理，该单元格应用公式为"=ROUND(AVERAGE(D3:D109),2)"。

② 拖动 D110 单元格填充柄，为 E110:K110 区域填充数据。

③ 使用格式刷引用 J3 单元格格式，将其应用到 A110:K110 单元格区域，另将填充颜色改为浅黄，小数位数改为 2。

3．利用 RANK 函数，根据学生"个人总成绩"在专业内部进行排名

（1）在"专业成绩总表"工作表中的第 L 列添加"名次"列。

（2）选择目标单元格 L3，单击"插入函数"按钮，插入"统计"类别函数"RANK"，如图 5-7 所示。

图 5-6　插入 ROUND 函数　　　　图 5-7　插入 RANK 函数

（3）设置 RANK 函数参数，如图 5-8 所示，单击"确定"按钮。

注意：RANK 函数的第 2 个参数 Ref 的取值必须为绝对引用，这样才能保证数据列表范围不变。若欲将 J3:J109 变身为 $J$3:$J$109，可将光标置于单元格地址的任意位置反复按 F4

键，就可以在如形$J$3、J$3、$J3、$J3、J3 的几种引用形式间进行切换。本例使用$J$3 和 J$3 的效果是相同的，同学们可以想想这是为什么呢？

（4）拖动 L3 单元格填充柄至 L109 单元格，列出本专业全体学生排名。

（5）设置该列格式。选中 L2:L109 区域设置字体为宋体，居中，字号 10，填充颜色为茶色，边框为所有框线；选中第 L 列，设置列宽为 8。

（6）选中 A1:L1 单元格区域，令"专业成绩总表"工作表题目在此范围内"合并及居中"。

（7）操作结果部分内容参见样张 YZ5-4-1.jpg。

4．按名次对"专业成绩总表"的全体学生进行排序，评定专业奖学金

（1）复制"专业成绩总表"工作表。

① 单击"专业成绩总表"工作表标签，选中该工作表。

② 按下 Ctrl 键并拖动至全部工作表标签末尾，进行复制，新表名自动被命名为"专业成绩总表(2)"。

（2）在"专业成绩总表（2）"工作表中取消对标题的"合并及居中"属性设置。单击选中标题，打开"单元格格式"对话框的"对齐"选项卡，去掉"合并单元格"复选项，如图 5-9 所示；此外，也可使用"格式"工具栏中的按钮实现"合并及居中"的取消。

图 5-8 RANK 函数参数

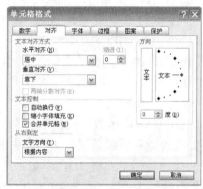

图 5-9 "单元格格式"对话框

（3）删除原表标题。

（4）将名次列交换至最前面（A 列）。选中第 L 列，将鼠标移到选中区域的边框处，当鼠标呈十字箭头形状时，按下 Shift 键，拖动该列至目的地位置，松开鼠标左键即可。

（5）将鼠标置于 A2:L109 单元格区域任意位置，单击"数据"菜单→"排序"命令，打开"排序"对话框，进行如图 5-10 所示设置。

（6）选中 A1 单元格输入新标题"专业排名"。选中 A1:L1 单元格区域，将标题"合并及居中"。

（7）执行"格式"→"列/行"→"隐藏"命令，隐藏 E～J 列和第 110 行；操作结果部分内容参见样张 YZ5-4-2.jpg。

（8）创建"专业奖学金名单"。

① 单击选中 N1 单元格，输入"专业奖学金名单"字样；字体为宋体，字号 18，加粗，红色。

图 5-10 "排序"对话框

② 选中 N2:R2 单元格，分别输入"等级"、"姓名"、"性别"、"总成绩"、"班级"。

③ 单击选中 N3 单元格，利用"查找与引用"函数 VLOOKUP，如图 5-11 所示，在"奖学金等级标准"工作表中查询专业前 35 名学生对应的奖学金等级。在 N3 单元格插入公式"VLOOKUP(A3,奖学金等级标准!\$A\$3:\$B\$37,2,FALSE)"，参数设置如图 5-12 所示。

图 5-11 插入 VLOOKUP 函数

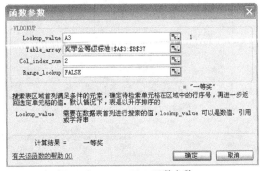

图 5-12 VLOOKUP 函数参数

说明：VLOOKUP 函数参数设置及含义。

VLOOKUP(lookup_value,table_array,col_index_num,range_lookup)

■ lookup_value 为需要在表格第一列中查找的数值，可以为数值或引用。

■ table_array 为要被查找的数据范围，一般是两列或多列数据清单。使用对区域的绝对引用或区域名称。其第一列中的值是由 lookup_value 搜索的值。这些值可以是文本、数字或逻辑值。不区分大小写。

■ col_index_num 为 table_array 中待返回的匹配值的列序号。

■ 若值 Col_index_num 为 2 时，返回 table_array 第 2 列中的数值，其值为 3 时，返回 table_array 第 3 列中的数值，以此类推。

■ 如果 col_index_num 小于 1，VLOOKUP 返回错误值 #VALUE!。

■ col_index_num 值大于 table_array 的列数，VLOOKUP 返回错误值 #REF!。

■ range_lookup 为逻辑值，指定希望 VLOOKUP 查找精确的匹配值还是近似匹配值。

■ 如果为 TRUE 或省略，则返回精确匹配值或近似匹配值。也就是说，如果找不到精确匹配值，则返回小于 lookup_value 的最大数值。

■ table_array 第一列中的值必须以升序排序；否则 VLOOKUP 可能无法返回正确的值。可以选择"数据"菜单上的"排序"命令，再选择"递增"，将这些值按升序排序。

■ 如果为 FALSE，VLOOKUP 将只寻找精确匹配值。在此情况下，table_array 第一列的值不需要排序。如果 table_array 第一列中有两个或多个值与 lookup_value 匹配，则使用第一个找到的值。如果找不到精确匹配值，则返回错误值 #N/A。

（9）复制 1～35 名学生的"姓名"、"性别"信息 C3:D37 区域，粘贴至 O3:P37 区域。

（10）复制 1～35 名学生的"个人总成绩"信息 K3:K37 区域，"选择性粘贴"/"数值"至 Q3:Q37 区域，如图 5-13 所示。

（11）利用 CONCATENATE 函数和 MID 函数自动生成"班级"信息。如 R3 单元格公式为"=CONCATENATE("信管 G09",MID(B3,9,2))"，即把"学号"中的"班号"信息提取出来，与字符串"信管 G09"合成班级名称，如图 5-14 和图 5-15 所示。

图 5-13 选择性粘贴

图 5-14 串合并函数 CONCATENATE

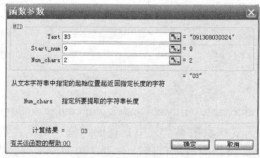

图 5-15 串提取函数 MID

注意：学号的第 9、10 位信息为班级编号。

说明：MID 参数设置及含义。

MID(text,start_num,num_chars)

■ text 是包含要提取字符的文本字符串。

■ start_num 是文本中要提取的第一个字符的位置。文本中第一个字符的 start_num 为 1，以此类推。

■ num_chars 指定希望 MID 从文本中返回字符的个数。

（12）"专业奖学金名单"表格格式设置。

① 标题：字体为宋体，字号 18，加粗，N1:R1 区域合并及居中。

② 表头：N2:R2 区域字体为宋体，字号 10，居中，边框为所有框线，填充颜色为浅蓝。

③ 内容：N3:R37 区域字体为宋体，字号 10，居中，边框为所有框线，无填充颜色。

（13）将"专业成绩总表(2)"工作表标题重命名为"专业排名及奖学金"，操作结果部分内容参见样张 YZ5-4-3.jpg。

5．对"专业成绩总表"进行统计分析，并制作"专业成绩统计"表，计算出各科目专业平均成绩，专业最（低）高分，应（参、缺）考人数，各分数段学生人数，及格率和优秀率

（1）统计专业平均成绩。

① 打开"专业成绩统计"工作表，选择 I3 单元格，输入"="进行公式编辑。单击"专

业成绩总表"工作表，选中 D110 单元格，再单击该表公式编辑栏左侧的"输入"按钮，如图 5-16 所示，即可填入"毛邓三" 的"专业平均成绩"，并同时返回"专业成绩统计"工作表。

② 同理，填入其他科目的"专业平均成绩"，操作结果见样张 YZ5-4-4.jpg。

| ✕ | ✓ | fx | =专业成绩总表!D110 |

图 5-16　编辑栏

（2）统计专业最高（低）分。

① 单击选中"专业成绩统计"工作表的 J3 单元格，单击"插入函数"按钮，打开"插入函数"对话框。选择统计类函数 MAX，单击"确定"按钮，打开"函数参数"对话框，单击折叠按钮，选中"专业成绩总表"的 D3:D109 区域，返回如图 5-17 所示，筛选该科目最高分，单击"确定"按钮，即可填入"乇邓二"的"专业最高成绩"，且返回"专业成绩统计"工作表。

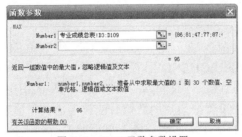

图 5-17　MAX 函数参数设置

② 同理，填入其他科目的"专业最高成绩"。

③ 同样方法使用统计函数 MIN 填入各科目的"专业最低成绩"，操作结果见样张 YZ5-4-5.jpg。

（3）统计应考（参、缺）人数。

① 使用"应考人数"。选中"专业成绩统计"工作表的 L3 单元格，插入"统计"函数 COUNTA，使用折叠按钮将其第 1 个参数填入为"'专业成绩总表'!D3:D109"，得到"毛邓三"的"应考人数"。同理，得到其他科目的"应考人数"取值。

② 使用 COUNT 函数统计"实考人数"。

说明： COUNTA 函数和 COUNT 函数。

■ COUNTA 函数返回指定范围内数值的个数以及非空单元格的数目，故若"专业成绩总表"中无空白成绩单元格则可用其计算"应考人数"。

■ COUNT 函数返回指定范围内数字型单元格的个数；用其可计算"应考人数"。

■ 同一区域的 COUNTA 函数与 COUNT 函数返回值相减即为"缺考人数"。

③ 计算缺考人数。选中"专业成绩统计"工作表的 N3 单元格，编辑公式"=L3-M3"即可。双击填充柄得到其他科目的"缺考人数"。

④ 操作结果参见样张 YZ5-4-6.jpg。

（4）统计各分数段学生人数。

① 打开"分数段人数统计"工作表，选中 C3:C7 单元格区域，作为课程"毛邓三"各分数段人数存储区域；单击"插入函数"按钮，选择统计类函数 FREQUENCY 作为各"分段点"间数据出现频率的统计工具。

② 函数 FREQUENCY 参数设置如图 5-18 所示，按 Ctrl+Shift+Enter 组合键完成数组数

据的计算，C3:C7 区域的公式为{ =FREQUENCY(专业成绩总表!D3:D108,B3:B6) }。

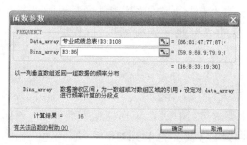

图 5-18　FREQUENCY 函数

③ 同理，将"分数段人数统计"工作表其余各列计算出来，操作结果参见样张 YZ5-4-7.jpg。

说明： 函数 FREQUENCY 介绍。

FREQUENCY(data_array,bins_array)

■　data_array 为数据源区域，是一数组或对一组数值的引用，用来计算频率。若 data_array 中无数值，函数 FREQUENCY 返回零数组。

■　bins_array 为分段点区域，是间隔的数组或对间隔的引用，该间隔用于对 data_array 中的数值进行分组。这样在设置分段点的数值时应该考虑其精度要比数据源区域的数值精度高，如数据源区域数值是 1 位小数，则分段点至少要保留到小数点之后两位。若 bins_array 中无数值，函数 FREQUENCY 返回 data_array 中元素的个数。

■　FREQUENCY 函数返回值必须存放于纵向相邻单元格区域。另外该结果以数组形式输入，故该函数的参数设置完毕后必须使用 Ctrl+Shift+Enter 组合键确认该数组形式结果的编辑过程。

■　返回的数组中的元素个数比 bins_array（数组）中的元素个数多 1。返回的数组中所多出来的元素表示超出最高间隔的数值个数。例如，如果要计算输入到 3 个单元格中的 3 个数值区间（间隔），请一定在 4 个单元格中输入 FREQUENCY 函数计算的结果。多出来的单元格将返回 data_array 中大于第 3 个间隔值的数值个数。

■　函数 FREQUENCY 将忽略空白单元格和文本。

（5）编辑公式将各分数段统计所得人数填入"专业成绩统计"工作表。

说明： 函数 FREQUENCY 所完成的功能使用统计函数 COUNTIF 也可实现，但步骤繁琐，这里不再叙述。

（6）统计各科优秀率、及格率。

① 选中 G3 单元格，编辑公式"=B3/M3*100"即可求出"毛邓三"的"优秀率"。同理求出其他科目的对应值。

② 选中 H3 单元格，编辑公式"=100－(F3/M3*100)"即可求出"毛邓三"的"及格率"。同理求出其他科目的对应值。

（7）操作结果参见样张 YZ5-4-8.jpg。

6．针对各分数段学生人数，制作图表

（1）单击"分数段人数统计"工作表，单击 A10 单元格，单击"图表向导"按钮，启动图表创建过程。

（2）选择"图表类型"中"簇状柱形图"，单击"下一步"按钮。

（3）选中"A2:A7，C2:I7"单元格区域，修改图表"数据区域"，单击"下一步"按钮。

（4）设置"图表选项"。"图表标题"为"信息管理专业成绩分析图"；"数据标志"显示"值"，单击"下一步"按钮。

（5）选择"图表位置"中"作为其中对象插入"，单击"确定"按钮。

（6）调整图表在该工作表中的位置。

（7）修改图表各部分格式，令其更加美观。图表标题：楷体、蓝色、加粗、字号22；分类轴、数值轴、图例：宋体，字号9；数据标志：字号8；绘图区背景填充象牙色。操作结果参见样张 YZ5-4-9.jpg。

（8）利用图表对各科成绩的分布情况进行直观分析：①比较同一科目的成绩分布情况；②不同科目成绩分布对比情况；③学生个人平均成绩分布情况。

7．利用"专业奖学金名单"制作数据透视表，进行数据查询

（1）选择"专业奖学金名单"中任意一单元格，单击"数据"→"数据透视表/数据透视图"命令，进行图 5-19 所示的设置，单击"下一步"按钮。

（2）选择数据源区域，如图 5-20 所示，单击"下一步"按钮。

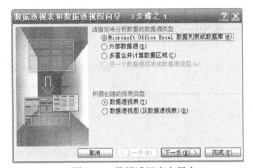

图 5-19　数据透视表向导之 1　　　　　图 5-20　数据透视表向导之 2

（3）单击"向导之 3"中的"布局"按钮，如图 5-21 所示，启动数据透视表布局窗口，如图 5-22 所示，设置"页"、"行"、"列"，单击"确定"按钮返回。

图 5-21　数据透视表向导之 3　　　　　图 5-22　数据透视表向导之布局

说明： 学生姓名无重复现象，否则不能将姓名设置为计数项。

（4）单击图 5-22 中的"确定"按钮，完成数据透视表的创建，将数据透视表所在的新工作表重命名为"透视表统计查询"，操作结果参见样张 YZ5-4-10.jpg。

（5）交互使用数据透视表对数据进行分析，如图 5-23、图 5-24 所示。对透视表中的下拉列表按钮进行操作，改变数据的显示范围，对不同班级、不同性别、不同奖学金等级的学生

数量进行统计、比较与分析，从而得出有价值的统计结论。

图 5-23　数据查询与分析 1　　　　　　　　图 5-24　数据查询与分析 2

8．使用"视图管理器"在"专业成绩总表"中查看该专业各班级的学生成绩信息。

（1）应用"视图管理器"添加视图。

① 单击"专业成绩总表"工作表，隐藏 40～110 行。单击执行"视图"菜单→"视图管理器"命令。

② 打开"添加视图"对话框，输入视图名称"信管 G0901"，单击"确定"按钮。

③ 选中 39-111 行，右击，选择快捷菜单中的"取消隐藏"命令。

④ 用同样的方法隐藏 3～39 行和 75～110 行，添加视图"信管 G0902"，再取消对 3～39 行和 75～110 行的隐藏。

⑤ 用同样的方法隐藏 3～74 行和第 110 行，添加视图"信管 G0903"，取消对 3～74 行和第 110 行的隐藏。

⑥ 用同样的方法对全部数据定义视图"09 信管专业"。

（2）"视图管理器"的使用。

① 在"专业成绩总表"工作表中单击 "视图"菜单→"视图管理器"命令打开"视图管理器"对话框，如图 5-25 所示。

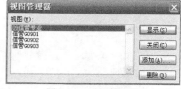

图 5-25　视图管理器

② 在视图列表中单击选择要显示的视图，单击对话框右侧的"显示"按钮，即可打开指定视图，方便地实现特定区域数据的显示。

9．经过对素材 SC5-4-1.xls 的加工处理，完成了对 2009 级信息管理专业的成绩管理与分析，有助于对该专业的学期成绩进行总体评价。

10．本案例操作结果参见样张 YZ5-4-1.xls。

5.5　销售管理与分析

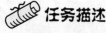 **任务描述**

提高企业管理水平，使用易学易用的 Excel 工作表来进行销售数据管理是普通的企业管理者的明智之选。本例以饮料连锁店销售记录为数据管理对象，对其进行数据分析。方便地统计饮料的"销售额"和"毛利润"，根据所售饮料名称查询对应商品基本信息，分析商品销售数据，自动计算顾客应交款额等。

实现方案

1．使用查找与引用函数 VLOOKUP，实现"销售记录"属性值的填写。

2．编辑公式计算"销售额"和"毛利润"。

3．使用"排序"和"自动筛选"操作对销售记录进行分析，得到商品配送信息。

4．使用"分类汇总"及"排序"对各门店拥有的畅销商品数量进行汇总分析。

5．使用多重"分类汇总"对"销售额"和"毛利润"进行统计分析。

6．用"数据透视表"分析各区每种商品的"毛利润"，分析其获利情况。

7．利用"合并计算"操作，对各区"日均销售"信息进行统计。

相关知识点

■　查找与引用函数 VLOOKUP 及参数设置。

■　单元格格式设置。

■　公式编辑。

■　多重排序。

■　自动筛选、高级筛选。

■　多重分类汇总。

■　数据透视表。

■　选择性粘贴。

■　合并计算。

操作步骤

1．使用查找与引用函数 VLOOKUP，实现"销售记录"属性值的填写

（1）打开素材 SC5-5-1.xls 工作簿，选择"销售记录"工作表。

（2）使用函数 VLOOKUP 填写各销售记录的"单位"、"进价"和"售价"信息。

① 选中 F3 单元格，单击"插入函数"按钮，选择"查找与引用"函数 VLOOKUP，设置其参数如图 5-26 所示，单击"确定"按钮。

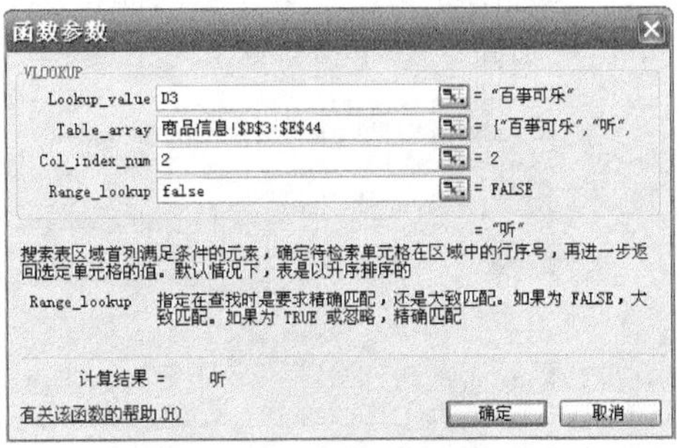

图 5-26　VLOOKUP 参数设置

说明：VLOOKUP 函数参数。

语法：VLOOKUP(lookup_value,table_array,col_index_num,range_lookup)

参数	含义	取值类型或限制
lookup_value	查询源	数据类型无限制，但须在查询范围首列
table_array	查询范围	绝对引用（本例使用）或区域名称
col_index_num	查询目标在范围区域的列取值	数值型
range_lookup	查询类型	逻辑型，查询区域不排序时 FALSE 为精确匹配，TRUE 为大致匹配

②双击 F3 单元格填充柄，填写其他商品"单位"值。

③同理，使用 VLOOKUP 函数，填写商品 "进价"与"售价"信息。

- G3 = VLOOKUP(D3,商品信息!$B$3:$E$44,3,FALSE)
- H3 = VLOOKUP(D9,商品信息!$B$3:$E$44,4,FALSE)

2．编辑公式计算"销售额"和"毛利润"

（1）因"销售额=售价×数量"，所以 I3 =H3*E3，双击 I3 填充柄，填充其他销售记录的"销售额"。

（2）因"毛利润=（售价—进价）×数量"，所以 J3= (H3-G3)*E3，双击 J3 填充柄，填充其他销售记录的"毛利润"。

（3）单元格格式设置。

①A~C、F 四列数据：按 Ctrl 键，单击列号选择非连续区域，单击"居中"按钮。

②G~J 四列数据：单击 G 列列号拖动，选择 G~J 四列，选择"设置单元格格式"命令，选择"数字"选项卡，选择"货币"类型，两位小数。

③ 边框：选择 A2:J1262 区域，设置边框为"所有框线"。

（4）操作结果部分内容参见样张 YZ5-5-1.jpg。

3．使用"排序"和"自动筛选"操作对销售记录进行分析，得到商品配送信息

（1）复制"销售记录"工作表至工作表标签末尾，重命名为"配送分析"，并把数据清单名称进行相应修改。

（2）光标置于任意商品数据信息单元格，选择"数据"→"排序"命令，关键字设置如图 5-27 所示。

（3）鼠标光标置于任意商品信息单元格，选择"数据"→"筛选"→"自动筛选"命令。单击"数量"列下拉筛选按钮，选择"自定义"，如图 5-28 所示进行设置。

图 5-27 排序设置　　　　　　　　　　　图 5-28 自定义自动筛选方式

（4）经过操作"配送分析"工作表中显示当天销售数量超过 100 的商品名称。分析该工作表可以清楚地了解当天各门店的销售数量前几名的商品名称，从而进行选择性重点配送处理。

（5）如果进一步使用"区划"和"店名"筛选，还可得到不同区、不同店的畅销商品配送信息，为管理者改善经营思路提供必要的数据支持。

（6）操作结果部分内容参见样张 YZ5-5-2.jpg。

4．使用"分类汇总"及"排序"对各门店拥有的畅销商品数量进行汇总分析

（1）新建工作表"门店销售分析"于"配送分析"工作表之后；选中 A1 单元格，输入"门店销售分析"字样，格式设置为宋体、字号 18，红色。

（2）将上一步骤中"配送分析"工作表的筛选操作结果的 B2:D1181 区域复制其中，对其进行"分类汇总"，设置如图 5-29 所示。

（3）操作部分结果参见样张 YZ5-5-3.jpg。

（4）按下分类"分级显示按钮"2，只显示店名的计数值，而这些数值正是每家店面当日销售数量突破"100"的商品的数量，从而可以对各家门店的畅销商品数量进行对比分析，也能评价其经营状况的优劣。

图 5-29　分类汇总设置

（5）此外，还能在此基础上进行"排序"操作，这样就更加一目了然了，如图 5-30 所示。

1 2 3		A	B	C
	1	门店销售分析		
	2	区划	店名	商品名称
	11	天一店 计数	8	当日销售数量突破 100 的商品数量
	18	联华店 计数	6	
	25	科技园店 计数	6	
	31	滨河店 计数	5	
	37	广开店 计数	5	
	43	西湖店 计数	5	
	48	劝业店 计数	4	
	53	佳合店 计数	4	
	58	明珠店 计数	4	
	63	海光店 计数	4	
	68	龙岩店 计数	4	
	73	赤湾店 计数	4	
	78	九海店 计数	4	
	83	梅江店 计数	4	
	87	平阳店 计数	3	
	91	水木天成店 计数	3	
	95	中银店 计数	3	
	99	东丽店 计数	3	
	103	菁湾店 计数	3	
	107	凯立店 计数	3	
	110	金桥店 计数	2	
	113	秋水店 计数	2	
	116	育林店 计数	2	
	119	林泉店 计数	2	
	122	庆成店 计数	2	
	125	天星店 计数	2	
	128	永昌店 计数	2	
	130	环岛店 计数	1	
	132	迎水店 计数	1	

图 5-30　　分类汇总及排序

5．使用多重"分类汇总"对"销售额"和"毛利润"进行统计分析

（1）创建"销售记录"工作表的副本，重命名为"销售与利润分析"，并修改表的标题，以统计"各区每个门店"销售情况。

（2）选择"数据"→"排序"命令，主要关键字为"区划"，次要关键字为"店名"，均为升序排列。

（3）选择"数据"菜单→"分类汇总"命令，以"区划"为分类字段，对该工作表中的"销售额"和"毛利润"两列数据进行"求和"分类汇总，如图 5-31 所示。

（4）再次选择"数据"菜单→"分类汇总"命令，以"店名"为分类字段，在前面分类汇总的基础上对该工作表中的"销售额"和"毛利润"进行"求和"分类汇总，取消勾选"替换当前分类汇总"复选项，如图 5-32 所示。

（5）单击页面左侧分级显示号"3"，显示以各区每家店面的汇总"销售额"及"毛利润"信息。

图 5-31　以区划为分类字段

图 5-32　以店名为分类字段

（6）调整各列列宽，且隐藏 A 列、D～H 列，使数据显示更加紧凑，如图 5-33 所示，亦可参见样张 YZ5-5-4.jpg。

6．用"数据透视表"分析各区每种商品的"毛利润"，分析其获利情况

（1）单击"销售记录"工作表的任意一数据单元格，选择"数据"→"数据透视表和数据透视图"命令，启动其操作向导。

（2）操作顺序依次为"图 5-34"→"图 5-35"→"图 5-36"→单击"布局"按钮→按"图 5-37"设置后单击"确定"按钮。

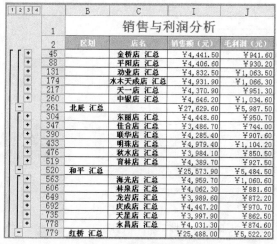

图 5-33　多重分类汇总结果

图 5-34　透视表向导之一

图 5-35　透视表向导之二

图 5-36　透视表向导之三

（3）返回"图 5-36"→选择"数据透视表显示位置"为"新建工作表"，为数据透视表工作表重命名"获利分析"。

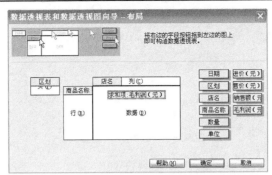

图 5-37　透视表向导之四

（4）透视表格式设置。选中整个透视表，字号 10，适当调整行高和列宽，以使页面中能够容纳更多的数据，以便查看。

（5）当日商品获利情况分析如下。

① 分不同区（页）显示，全区各门店（列）的每种商品当日获利情况。如何查询"和平区"各门店获利情况，还可对"东丽店"数据进行降序排列，查看其所有商品的当日获利数据等。部分统计结果参见样张 YZ5-5-5.jpg。

② 分不同区（页）、不同各门店（列）的每种商品当日获利情况，部分统计结果参见样张 YZ5-5-6.jpg。

③ 分不同区（页）、不同列各门店（列），查看不同商品当日获利情况，部分统计结果参见样张 YZ5-5-7.jpg。

④ 依此类推，还可得到其他条件的"毛利润"查询结果。

（6）知识延伸。

① 数据透视表充分体现了互动式查询条件设置的优势，可以方便快捷地随时完成各种条件"毛利润"的查询。

② 若某一条件"毛利润"查询不拘泥于一天，如可坚持进行数据追踪，一段时间以后将得出更有实际应用价值的统计结论。

7．销售记录的筛选

将"销售记录"记录工作表进行复制，将得到的"销售记录（2）"工作表置于全部工作表最后，重命名为"销售查询"，数据清单标题也进行相应修改。

（1）自动筛选，得到南开区赤湾店销售额介于 260 元和 600 元（含）之间的销售信息。

① 选中"销售查询"工作表中有数据的任意一个单元格，单击"数据"菜单→"筛选"→"自动筛选"命令，则每个字段名的右侧都会出现一个下拉按钮。

② 单击"所在区"和"店名" 右侧的下拉箭头，分别选择列表中的"南开"和"赤湾店"。

③ 单击"销售额"右侧的下拉箭头，选择列表中的"自定义"→启动"自定义自动筛选方式"对话框，按图 5-38 进行筛选条件设置。筛选结果如图 5-39 所示。

（2）高级筛选，得到南开区赤湾店销售数量较高的和毛利润较低的饮料信息。

① 撤销前面"自动筛选"的设置。

② 建立"条件区域"。将 C2、E2、J2 单元格信息复制到 B1265、C1265、D1265 单元格中；B1266 和 B1267 单元格中输入"赤湾"，在 C1266 单元格输入条件">100"，单元格输入条件"<5"。

图 5-38　自定义自动筛选方式

销售查询									
日期	区划	店名	商品名称	数量	单位	进价（元）	售价（元）	销售额（元）	毛利润（元）
2009-7-15	南开	赤湾店	果粒橙	91	瓶	￥2.40	￥3.00	￥273.00	￥54.60
2009-7-15	南开	赤湾店	健力宝	125	听	￥1.70	￥2.20	￥275.00	￥62.50
2009-7-15	南开	赤湾店	王老吉	123	合	￥1.70	￥2.20	￥270.60	￥61.50
2009-7-15	南开	赤湾店	哟哟	123	瓶	￥3.20	￥4.20	￥516.60	￥123.00

图 5-39　自动筛选结果示意图

③ 为 B1265:D1267 单元格区域设置框线（所有框线），如图 5-40 所示。

④ 选中数据单元格区域的任意一个单元格，单击"数据"菜单→"筛选"→"高级筛选"命令，打开"高级筛选"对话框。

⑤ 列表区域已经自动设置，条件区域设置为"$B$1265:$D$1267"。

⑥ 选中"将筛选结果复制到其他位置"单选项，然后设置结果所在位置即"复制到"的取值，单击右端折叠按钮后单击 A1269 单元格即可定义该区域的左上角，高级筛选对话框如图 5-41 所示，单击"确定"按钮即可实现该高级筛选。筛选条件及结果参见样张 YZ5-5-8.jpg。

店名	数量	毛利润（元）
赤湾店	>100	
赤湾店		<5

图 5-40　高级筛选条件区域　　　　图 5-41　"高级筛选"对话框

通过对记录的筛选操作，可以方便地显示一些对经营决策来说十分有意义的信息。例如，南开区赤湾店销售的"×××纯净水"毛利润过低，通过一段时间的考察，如果销售情况一直如此，就可以考虑减少配送量直至做下架处理。这也正充分体现了 Excel 在数据分析方面的优势。

8．利用"合并计算"功能，对区销售信息进行统计

（1）在"销售记录"记录工作表选择"日期"、"区划"、"销售额"和"毛利润"4 列内容，建立"区销售记录"工作表；该工作表置于 A2:D1262 单元格区域内。

注意："销售额"和"毛利润"两列内容复制时选用"选择性粘贴"，只粘贴数值，再进行格式修改。

（2）工作表标题为"区销售记录"，置于 A1:D1 区域，红色、加粗、字号 18，合并及居中；"区销售记录"数据部分格式使用格式刷，继承数据源的格式。该工作表置于全部工作表的最后。

（3）在"区销售记录"工作表的 F2:H7 单元格区域制作"区销售统计"表，表头格式见图 5-42，表格格式同"区销售记录"表。

（4）单击选中 F2 单元格，选择"数据"菜单→"合并计算"命令，打开"合并计算"对话框。

（5）函数选择"平均值"，引用位置$B$2:$D$1262，并使用"添加"按钮将其添加至"所有引用区域"，勾选标签位置"首行"和"最左列"，单击"确定"按钮，如图 5-43 所示。

图 5-42　合并计算统计表

图 5-43　"合并计算"对话框

（6）对统计表进行格式设置，操作结果参见样张 YZ5-5-9.jpg。

（7）在"区销售统计"表中汇总得到各区在 2009-7-15 的所有商品的"日均销售额"和"日均毛利润"，从而对不同区的商品销售情况进行总体评价。

说明："合并计算"与"分类汇总"的区别如下。

■　相似点：两者都可以针对数据清单的某列属性进行汇总统计。

■　不同点如下。

　　■　"合并计算"可以在另外的单元格区域中生成统计表格且能够自动填入统计值。

　　■　"合并计算"的统计区域可以自行确定，只要把"引用位置"一一添加到"所有引用位置"列表中即可，比较灵活。

例如，在 F10:H13 区域建立"区销售统计——部分"表，计划将"北辰"与"红桥"两区的"日均销售额"和"日均毛利润"填入其中。

操作步骤：单击 F12 单元格，启动"合并计算"对话框，如图 5-44 设置即可。操作结果参见样张 YZ5-5-10.jpg。

图 5-44　"合并计算"对话框

　　■　"合并计算"引用的是数据清单中的数据，而"分类汇总"是直接在数据清单上直接统计，但前者可以建立与数据清单间的链接关系。

9．本案例操作结果参见样张 YZ5-5-1.xls。

5.6　单据模板制作

任务描述

经各系部申请学院新近采购了一批教学设备，为了对新购入的设备进行管理，需要对设备基本情况和领用设备的系部信息进行登记，填写"仪器设备入库单"。如果利用 Excel 电子表格进行该单据模板的设计，将大大提高数据的准确性。

实现方案

1. 创建"仪器设备入库单"工作簿文档。

2. 在工作表中设计创建"仪器设备入库单"表格，进行格式设置。

3. 复制表格，制作两联单据。

4. 利用 IF 函数、TODAY 函数实现"仪器设备入库单"单号、日期、序号及两联表格数据关联等。

5. 为工作表插入背景水印。

6. 为单据进行页面设置。

7. 将工作簿保存为模板。

8. 工作簿模板的使用。

相关知识点

■ 工作簿创建。

■ 工作表中数据输入。

■ 单位格格式设置。

■ 单元格复制。

■ IF 函数的使用及其参数的设置。

■ TODAY 函数的使用。

■ OR、AND 函数的使用及其参数的设置。

■ 工作表背景。

■ 工作表页面设置。

■ Excel 模板。

操作步骤

1. 创建"仪器设备入库单"工作簿文档

（1）启动 Excel，自动生成工作簿文档 Book1.xls。

（2）保存 Book1.xls 工作簿为"仪器设备入库单.xls"。

2. 在工作表中设计创建"仪器设备入库单"表格，进行格式设置

（1）选中单元格，输入表格文字，如图 5-45 所示。

（2）设置表格的行高和列宽。

① 第 1 行行高为 50，第 16 行行高为 20，第 2～15 行行高为 18。

②A、E、F 列宽为 4，B、C、H 列宽为 12，D、G、I 列宽为 10。

（3）单元格合并及对齐。

① 合并及居中：A1:I1、A16:I16。

② 合并左对齐：A13:B13、H3:I3、H13:I13、A14:F14、A15:F15、G14:I14、G15:I15。

③ 合并右对齐：C13:F13。

	A	B	C	D	E	F	G	H	I
1	廊坊职业技术院仪器设备入库单								
2									
3	单号：						日期：		
4	序号	名称	型号	规格	单位	数量	单价（元）	小计（元）	备注
5									
6									
7									
8									
9									
10									
11									
12									
13	合计：						元整		
14	采购部门：						经办人：		
15	领用部门：						领用人：		
16	第一联：设备处留存								

图 5-45　表格结构 1

④ 居中：A5:A12，E5:E12。

⑤ 合并右对齐：H3:I3。

（4）字体、字号及数据类型设置。

■ 标题格式如下。

  ■ 标题字体为黑体。

  ■ 单位名称后插入强制换行 Alt+Enter，使“廊坊职业技术学院”和“仪器设备入库单”分两行显示。

  ■ 在编辑栏中选中第 1 行文字，设置字号为 16；第 2 行文字字号为 18，且适当加大第 2 行的文字间距。

■ 表格文字格式：字体为“宋体”，字号 10，字形“加粗”，表格内部填写信息字形为“常规”，上述设置效果如图 5-46 所示。

■ 数据类型设置。

  ■ B3 单元格：“文本”型。

  ■ H3:I3 区域：“日期”型。

  ■ F5:F12 区域：“数值”型，不保留小数。

  ■ G5:H12 区域：“货币”型，保留两位小数。

  ■ C13:F13 区域：“特殊”型，类型为“中文大写数字”　。

  ■ H13:I13 区域：“货币”型。

  ■ 其余填写单元格为“常规”型。

（5）边框设置：参照图 5-46 进行边框设置。

3．复制表格，制作两联单据

（1）选中 A1:I16 区域，将其复制、粘贴至 A17 为左上角的单元格区域。

（2）去掉 A32:I32 区域底部框线，并将其内容改为“第二联　使用单位存留”。

4．利用 IF 函数、TODAY 函数实现“仪器设备入库单”单号、日期、序号及两联表格数据关联等

（1）单号：单号为单据的唯一编号，第一联单号需要自键盘输入，为保持两联数据的一致性，设置第二联 B19=IF(B3<>"",B3,"") ，即当第一联单号非空时，第二联单号与其保持；IF 函数含义和参数设置如图 5-47、图 5-48 所示。

注意：数字文本类型数据输入时输入值前需要加单撇号“’”，如“’09870”。

图 5-46　表格结构 2

图 5-47　插入函数

图 5-48　IF 函数参数

（2）自动填入日期。

① 若第一联"单号"非空，则 H3 =IF(B3<>"",TODAY(),"")。TODAY()函数将返回系统当前日期。

② 若第一联日期非空，则 H19 =IF(H3<>"",H3,"")，做到两联数据保持一致。

（3）自动序号。

① 若第一联"单号"且"数量"非空，则 A5=IF(OR(B3<>"",F5<>""),1,"")；相应的 A21 =IF(A5<>"",A5,"")。

说明：只要"单号"或仪器设备的"数量"不为空值，就说明有仪器设备的领用行为发生，就最少也应该出现一个序号。

② 若第一联中"数量"一列为非空，则 A6 =IF(F6<>"",A5+1,"")。

③ 拖动 A6 填充柄，在 A7:A12 区域填充公式。

④ 拖动 A21 填充柄，在 A22:A28 区域填充公式。

（4）表格数据。

① 若第一联"名称"非空，则 B21 =IF(B5<>"",B5,"")，拖动填充"名称"列；

② 同理，"型号"、"规格"、"单位"、"数量"、"单价"和"备注"列公式。

（5）计算领用设备总金额。

① 计算第一联"小计"值：因为"小计=单价×数量"，另外仅当第一联"数量"、"单价"均为非空值时"小计"才可显示二者乘积，故此处可以使用 IF 和 AND 函数的嵌套公式 H5 =IF(AND(G5<>"",F5<>""),G5*F5,"")。

② 拖动填充 H6:H12 区域，得到"小计"列公式。

说明：使用 AND 函数的目的主要是为了解决"数量"、"单价"均为空值时，"小计"值会出现的"￥0.00"字样的显示出错的情况。

- 第二联"小计"列解决方法同上。
- 计算第一联设备总金额：H13 =IF(SUM(H5:H12)<>0,SUM(H5:H12),"")。
- 第二联设备总金额：H29=IF(H13<>"",H13,"")。
- 显示设备第一联大写总金额：C13 =IF(H13<>"",H13,"")；同理得到第二联大写总金额：C29=IF(H29<>"",H29,"")。

注意：这里的 C13 单元格格式是"特殊"型，类型为"中文大写数字"，前面已经设置过了。

（6）使用素材 SC5-6-1.xls 中的数据填写表格，核实公式及格式正确性，操作结果参见样张 YZ5-6-1.jpg。

5．为工作表插入背景水印

（1）删除表中全部设备信息，操作结果参见样张 YZ5-6-2.jpg。

注意：只能删除手工输入的设备信息，千万不要把单元格中的公式删掉哟！只有两个区域为可在清除范围之内：B3 单元格、B5:G12 区域、I5:I12 区域。

（2）单击"格式"→"工作表"→"背景"命令，打开"工作表背景"对话框，选择素材 SC5-6-2.jpg 作为单据的背景水印，单击"插入"按钮即可。

（3）操作结果参见样张 YZ5-6-3.jpg。

6．为单据进行页面设置

（1）单击"文件"→"页面设置"命令，打开"页面设置"对话框。

（2）设置页面：A4，纵向。

（3）设置页边距：上下 2.5，左右 1.5；水平、垂直均居中。

7．将工作薄保存为模板

（1）删除多余的工作表。

（2）单击"文件"→"另存为"命令，打开"另存为"对话框，选择文件保存类型为"模板.xlt"，确定模板文件的文件名"仪器设备入库单.xlt"，操作结果同 YZ5-6-1.xlt，可以参考学习。

8．工作簿模板的使用，参见 5.3 节内容，这里不再赘述。

9．应用该模板建立"仪器设备入库单.xls"工作簿文档，填写具体仪器设备信息，由于大量 IF 函数的应用可以做到"日期"和"序号"自动填入；"入库单"两联数据"联动"，确保两联数据的一致性；打印后经相关部门、人员签字即可生效，方便快捷。

10．知识拓展。以上模板的创建方法还可以应用到多联单据的制作，如商业销售中的"三联"票据的制作、教学管理中的"调（代）课登记表"的制作等。

5.7　实训项目

项目描述

高职生小张报名参与了假期社会实践活动，在宜居超市作收银员。为了将自己学到的 Excel 知识应用于实际工作，他打算为超市制作一个收银系统。首先他想制作一个"收银单"，为每一位来购物的顾客打印购物小票；另外，再顺便更新一下商品的存量。经理认为他的想法很好，可是在做这个项目的时候遇到了不少困难，你能帮帮他吗？

项目要求

1. 新建一个工作簿文档，分别在其中建立"商品清单"、"收银单"和"存量管理"3 张工作表。

2. 在"商品清单"工作表中录入超市的商品信息，并设置格式。

3. 建立"收银单"和"存量管理"工作表，设置格式。

提示：以上内容由超市提供，参见 SC5-7-1.xls。

4. 为"收银单"工作表进行函数设置，以达到为顾客列商品清单并核算所售商品销售金额的目的。

提示如下。

（1）"收银员号"和"收银机号"对应的 A3 和 E3:F3 两区域使用数据的"有效性"进行设置；如"收银员号"可以设置为"'101,'102,'103,'104"；且以上两区域只能从列表中选择内容，并且为操作者提供"提示"和"停止"警告信息，如样张 YZ5-7-1.jpg 所示。

（2）设置"交易时间"对应 B4 单元格函数：使用 NOW 函数。

（3）人工录入顾客所购商品的编号，并使用 VLOOKUP 函数，自动填充"商品名称"、"单价"和"单位"，必须注意的是当"商品编号"为空时，其余各列单元格不能出现错误信息，故应使用 IF 与 VLOOKUP 函数的嵌套来实现，设置完毕填充 B6:B17 区域商品信息等。参数设置如下。

语法：IF(参数 1，参数 2，参数 3)

- 参数 1："商品编号"不为空。
- 参数 2：VLOOKUP 函数返回的商品信息。
- 参数 3：空串。

注意：VLOOKUP 函数的第 2 个参数，必须使用"绝对引用"或"区域名称"。

（4）人工录入售出商品的数量，并用公式自动计算出"小计"，F6:F17 整列填充。

（5）计算"应收款"，等于 F6:F17 区域"小计"之和。

（6）人工录入"实付款"，计算"找零"。

5. 为"存量管理"工作表进行函数设置，以达到某位顾客结账后，系统自动更改商品存量，并统计是否缺货的目的。

提示如下。

（1）计算"新存量"："新存量"="原存量"－"销售量"：使用 VLOOKUP 函数查询"存量清单"中的商品编号在"收银单"中的对应"数量"，并返回至"销售量"单元格中。

注意：不是所有中的商品在某一次销售活动中都有销售行为的发生，故部分单元格在计算时会出现错误提示信息#N/A，这也直接影响"新存量"和"缺货登记"的实现。要想正确反映销售行为，需要让本次没有买出的商品对应的"销售量"=0，故要使用 IF、ISERROR 以及 VLOOKUP 函数联合进行"销售量"对应函数的计算，D4 单元格公式参见 YZ5-7-2.jpg 所示。

（2）"销售量"其余区域 D5:D63 进行填充。

（3）"缺货登记"的实现：使用 IF 函数，将"新存量"=0 的商品的"缺货标记"设置为"√"。

6. 操作结果参见样张 YZ5-7-1.xls。

第6章

PowerPoint 演示文稿制作

6.1 毕业论文答辩报告

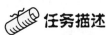 **任务描述**

学生小张经过半年的努力，终于完成了自己的毕业论文。下面的工作就是要用 PowerPoint 软件来实现毕业论文答辩报告的制作。

 实现方案

1．利用已做好的"毕业论文.doc"Word 文档，创建 PowerPoint 演示文稿"毕业论文答辩报告.ppt"。

2．通过添加文本、编辑幻灯片、添加动画效果等方法，进一步完善"毕业论文答辩报告"。

相关知识点

- 演示文稿的建立、保存。
- 幻灯片版式。
- 设计模板、配色方案和母版。
- 动画效果。
- 幻灯片切换效果。
- 演示文稿的打印。

操作步骤

1．建立演示文稿并保存

（1）选择"开始/所有程序/Microsoft Office/Microsoft Office PowerPoint 2003"命令，启动 PowerPoint 2003。

（2）利用现有 Word 文档创建演示文稿。打开"毕业论文.doc"，将对应内容插入到幻灯片的相应位置。

（3）保存演示文稿，文件名为"毕业论文答辩报告.ppt"。

2．编辑幻灯片

（1）为幻灯片添加内容。

① 在窗口左侧"幻灯片"选项卡中的第 1 张幻灯片上面单击鼠标，然后按下 Ctrl+M 组合键两次，在第一张幻灯片前插入两张幻灯片。

② 将两张幻灯片同时选中，选择"格式/幻灯片版式"命令，在窗口右侧打开"幻灯片版式"任务窗格。单击"幻灯片版式"任务窗格下面的"文字版式"中的"标题和文本"样式，幻灯片中出现标题框和文本框。

③ 选择第 1 张幻灯片，在标题框中输入"目录"二字，然后在文本框中添加相应的各章标题。

④ 选择第 2 张幻灯片，在标题框中输入"引言"字样，然后在文本框中输入提炼后的文本内容。

⑤ 按照上述方法，在幻灯片最后增加一张幻灯片，标题为"致谢"。然后将对应的文本内容添加至文本框中。

以上操作的最终效果如图 6-1 所示。

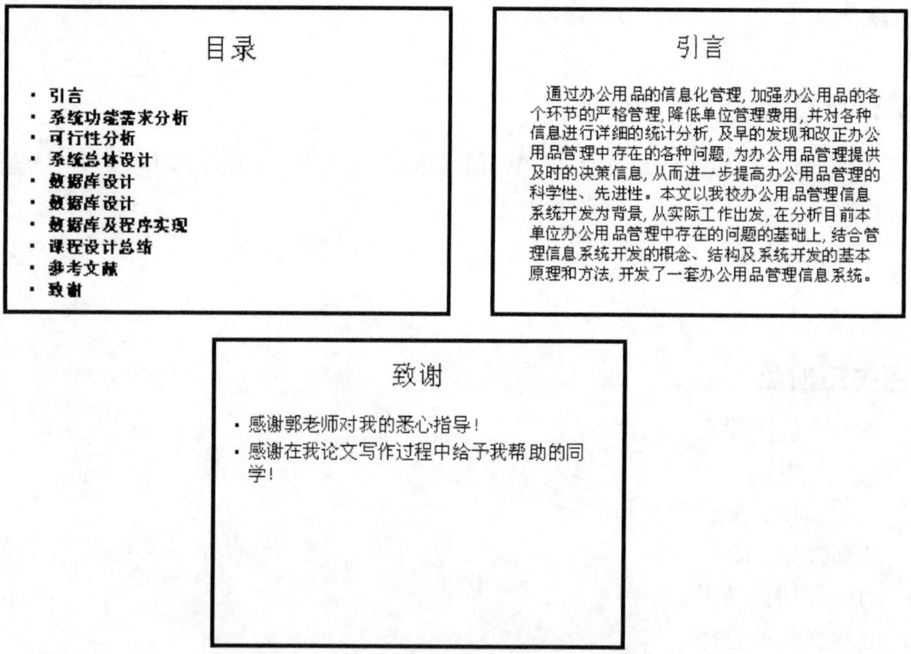

图 6-1 "目录"、"引言"、"致谢"幻灯片效果

（2）添加流程图。

使用"自选图形工具"制作流程图。选择"插入/图片/自选图形"命令打开自选图形工具栏，效果如图 6-2 所示，使用"基本形状工具"中的"矩形"和"线条工具"中的"箭头"工具，按照图 6-3 所示在标题为"3.2 系统功能流图"幻灯片中绘制流程图。

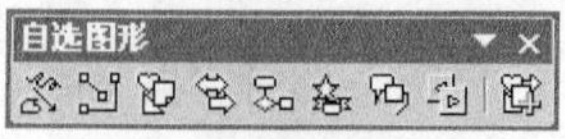

图 6-2 自选图形工具栏

（3）添加组织结构图。

① 在窗口左侧"幻灯片"选项卡中选择标题为"3.4 系统功能模块图"的幻灯片,选择"格式/幻灯片版式"命令,在窗口右侧打开"幻灯片版式"任务窗格。单击"幻灯片版式"任务窗格下面的"其他版式"中的"标题和图示或组织结构图"样式,这样原幻灯片就变成带有"组织结构图"占位符样式的幻灯片了,效果如图 6-4 所示。

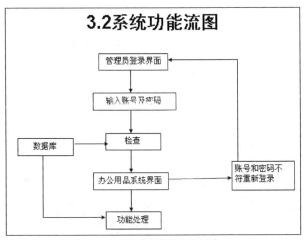

图 6-3　"系统功能流图"幻灯片

图 6-4　带有"组织结构图"占位符的幻灯片

② 双击"组织结构图"占位符,打开"图示库"对话框,选择图示类型为"组织结构图",单击"确定"按钮,效果如图 6-5 所示。在幻灯片中插入一个组织结构图,效果如图 6-6 所示。同时打开了"组织结构图工具栏",效果如图 6-7 所示。

图 6-5　"图示库"对话框

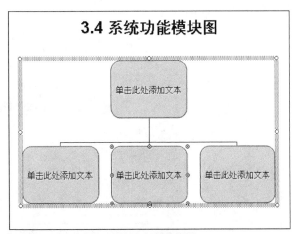

图 6-6　插入组织结构图

图 6-7　组织结构图工具栏

③ 单击第 1 层形状,在其中输入"高校办公用品管理系统"。

④ 在第 2 层第一个形状和第 2 个形状中分别输入"库存管理员模块"和"办公用品管理模块"。选中第 3 个形状,按 Delete 键将其删除。

⑤ 首先为"库存管理员模块"所在层次分别添加 1 个"下属"形状。然后在"组织结

构图"工具栏上单击"版式"右边的下拉按钮,在其中选择"左悬挂",设置完成后继续为库存管理员模块"所在层次添加 3 个"下属"形状,并在其中输入相应的内容,效果如图 6-8 所示。

⑥ 使用同样方法为"办公用品管理模块"添加 4 个下属,选择"有悬挂"版式,效果如图 6-9 所示。

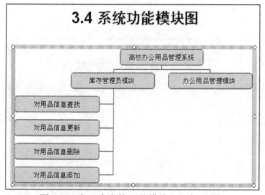

图 6-8 为"库存管理员模块"添加下属

图 6-9 为"办公用品管理模块"添加下属

⑦ 设置组织结构图样式。选择组织结构图,单击"组织结构图"工具栏中的"自动套用格式"按钮,打开"组织结构图样式库"对话框,在"选择图示样式"列表框中选择"书档填充"样式,单击"确定"按钮,将该样式应用于组织结构图中。

⑧ 设置组织结构图中字体的大小。选择组织结构图,在"格式"工具栏中将字号设为"18 磅",效果如图 6-10 所示。

图 6-10 组织结构图完成效果

(4)添加表格。

① 在窗口左侧"幻灯片"选项卡中选择标题为"办公用品表"的幻灯片,选择"格式/幻灯片版式"命令,在窗口右侧打开"幻灯片版式"任务窗格。单击"幻灯片版式"任务窗格下面的"其他版式"中的"标题和表格"样式,这样原幻灯片就变成带有"表格"占位符样式的幻灯片了,效果如图 6-11 所示。

② 双击"表格"占位符,打开"插入表格"对话框,在其中设置"列数"为 5,"行数"为 6,单击"确定"按钮,在幻灯片中插入一个 5 行 6 列的表格,效果如图 6-12 所示。

图 6-11　带有"表格"占位符的幻灯片

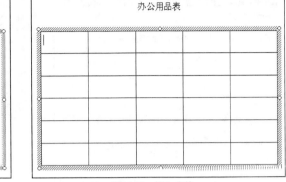

图 6-12　插入表格

③ 按照图 6-13 输入表中的内容。

④ 根据文字内容调整行高和列宽。

⑤ 选中表格，单击"格式"工具栏中的"居中"按钮，将表格中的文字全部居中显示。

⑥ 将表头字体设置为"宋体"，字形为"加粗"。

办公用品表

字段名	数据类型	主关键字	能否取空值	取值说明
bg_name	varchar(50)	Yes	No	办公用品名称
bg_type	varchar(20)		Yes	办公用品规格型号
bg_sort	char(10)		Yes	办公用品类别
bg_unit	varchar(10)		Yes	办公用品计量单位
bg_count	Smallint		Yes	办公用品数量

图 6-13　表格幻灯片

3．美化幻灯片

（1）制作标题幻灯片。

① 在"目录"幻灯片前插入一张标题幻灯片，选中该幻灯片，然后选择"格式/幻灯片版式"命令，在窗口右侧打开"幻灯片版式"任务窗格。单击"幻灯片版式"任务窗格下面的"内容版式"中的"空白"样式，幻灯片中的标题和副标题框消失。

② 选择"插入/图片/艺术字"命令，打开"艺术字库"对话框，选中其中一种合适的样式，单击"确定"按钮，如图 6-14 所示，打开"编辑'艺术字'文字"对话框，如图 6-15 所示。

③ 输入文字"高校办公用品管理系统的设计与实现"，字体设置为"隶书"，字号为"40"，字形为"加粗"，单击"确定"按钮，将文字插入幻灯片中。如图 6-16 所示。

④ 选择"插入/文本框/横排"命令，单击鼠标左键并拖动，在幻灯片左下角出现一个矩形文本框，在其中输入文字内容，效果如图 6-17 所示。

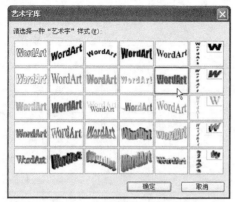

图 6-14 "艺术字库"对话框

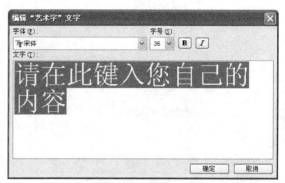

图 6-15 "编辑'艺术字'文字"对话框

图 6-16 插入艺术字效果

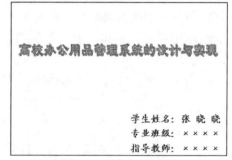

图 6-17 插入文本框效果

（2）应用设计模板。

在菜单栏中选择"格式"→"幻灯片设计"命令，打开"幻灯片设计"任务窗格，在"应用设计模板"列表框中单击"古瓶荷花.pot"模板，应用于所有幻灯片。

（3）应用幻灯片母版。

① 任选一张幻灯片，选择"视图"→"母版"→"幻灯片母版"菜单命令，进入幻灯片母版的编辑状态。

② 选中"母版标题样式"占位符，设置母版标题样式为"黑体、阴影"，字号为 40。

③ 选中"母版文本样式"占位符，设置第一级文本样式为"楷体_GB2312"，字号为 28。

④ 在"幻灯片母版视图"工具栏中，单击"关闭母版视图"按钮，返回"普通视图"。

（4）插入页脚文字。

选择"视图"→"页眉和页脚"命令，打开"页眉和页脚"对话框，在页脚处添加日期、时间、编号、班级和姓名，如图 6-18 所示。

4．设置幻灯片的动画效果

（1）应用动画方案创建动画效果。

选中标题为"引言"的幻灯片，选择"幻灯片放映"→"动画方案"菜单命令，打开"动画方案"任务窗格，在"应用于所选幻灯片"列表中选择"温和型"下的"典雅"。

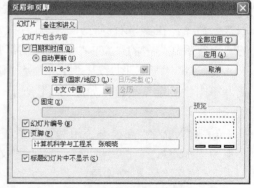

图 6-18 页眉和页脚对话框

（2）利用"自定义动画"设置动画效果。

①　选择第 1 张幻灯片，选中标题艺术字效果，选择"幻灯片放映"→"自定义动画"菜单命令，或右击鼠标，在弹出的快捷菜单中选择"自定义动画"命令，打开"自定义动画"任务窗格。

②　单击"添加效果"按钮，选择"进入"→"其他效果"，打开"添加进入效果"对话框，在"华丽型"栏中选择"玩具风车"，单击"确定"按钮。在"速度"下拉列表中选择"中速"。

③　选中姓名文本框，重复上一步操作，将文本框自定义动画的"进入"效果设置为"华丽型"中的"滑翔"。在"开始"下拉列表中选择"之后"，在"速度"下拉列表中选择"快速"。

④　在自定义动画列表中，单击副标题动画效果旁边的下拉按钮，选择"效果选项"命令，如图 6-19 所示，打开"滑翔"对话框，在"效果"选项卡中，在"声音"下拉列表中选择"风铃"声音。在"正文文本动画"选项卡中，先将"组合文本"选项设定为"按第一级段落"，然后选中"每隔"复选框，定义为 0.5 秒，如图 6-20 所示。

图 6-19　定义动画的效果

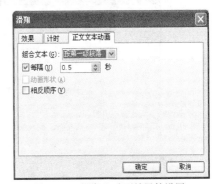

图 6-20　"滑翔"动画效果的设置

⑤　用相同方法为其余几张幻灯片添加动画效果。

5．设置幻灯片的切换效果

（1）选择第 1 张幻灯片，选择"幻灯片放映"→"幻灯片切换"菜单命令，打开"幻灯片切换"任务窗格，如图 6-21 所示。

（2）在"应用于所选幻灯片"列表中，单击"中央向左右扩展"切换效果。在"修改切换效果"区域中，"速度"选择"中速"，"声音"选择"单击"。

（3）利用相同的方法设置其他幻灯片的切换效果。

6．放映幻灯片

（1）放映幻灯片的方法。

①　方法一：在菜单栏中选择"幻灯片放映"→"观看放映"命令。

②　方法二：在菜单栏中选择"视图"→"幻灯片放映"命令。

图 6-21　"幻灯片切换"任务窗格

③ 方法三：单击 PowerPoint 窗口左下角的"幻灯片放映"按钮。

④ 方法四：按 F5 键。

（2）结束放映的方法。

① 方法一：按 Esc 键。

② 方法二：在放映的过程中右击鼠标，选择"结束放映"命令。

7．打印演示文稿

（1）在菜单栏中选择"文件"→"打印"命令，打开"打印"对话框，如图 6-22 所示。

（2）在"打印机"区域的"名称"列表中选择打印机。

（3）在"打印范围"中选择打印全部或部分幻灯片。

（4）在"打印内容"下拉列表中有"幻灯片"、"讲义"、"备注页"、"大纲视图"4 项内容。选择"讲义"项，可以设置每页纸上打印的幻灯片数。

（5）在"份数"中设置要打印的份数。

（6）单击"确定"按钮，即可打印。

图 6-22 "打印"对话框

6.2 公司展示

任务描述

廊坊市通用机械制造有限公司系我国生产超微细加工设备的重点骨干企业。现在该公司要在全国进行纳米机系列产品的业务推广，需要制作一个公司展示的幻灯片。

实现方案

1．创建 PowerPoint 演示文稿"公司展示.ppt"。

2．通过添加文本和多媒体素材、编辑幻灯片、添加动画效果及超链接等方法，进一步完善"公司展示"演示文稿。

3．打包幻灯片。

相关知识点

- ■　添加多媒体素材：图片和音频。
- ■　交互方式：创建超链接、动作按钮。
- ■　打包：打包演示文稿及演示文稿解包。

操作步骤

1．建立演示文稿并保存

（1）选择"开始/所有程序/Microsoft Office/Microsoft Office PowerPoint2003"命令，启动 PowerPoint 2003。

（2）单击工具栏上的"打开" 按钮，打开"打开"对话框，效果如图 6-23 所示。在"查找范围"下拉列表框中搜索本节素材文件 SC6-1.ppt，单击"打开"按钮，即可打开素材文件。

（3）保存演示文稿，文件名为"公司展示.ppt"。

2．编辑幻灯片

（1）为幻灯片添加内容。

选择标题为"目录"幻灯片，然后选择"插入/文本框/横排"命令，拖动鼠标在幻灯片中添加文本框，并在文本框中添加相应的各章标题，效果如图 6-24 所示。

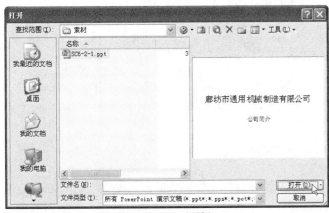

图 6-23　"打开"对话框

图 6-24　"目录"幻灯片

（2）设置字体、字号，美化幻灯片。

根据幻灯片中的内容，给文本设置适当的字体和字号。

（3）插入适当图片，美化幻灯片。

① 选择标题为"企业简介"幻灯片，选择"插入/图片/来自文件"命令，打开"插

入图片"对话框，如图 6-25 所示。在"查找范围"下拉列表框中搜索本节素材图片
SC6-2.jpg，单击"插入"按钮将图片插入到幻灯片中。用同样的方法将图片 SC6-3.jpg
和 SC6-4.jpg 都插入到该幻灯片中，然后将 3 张图片摆放到适当的位置，效果如图 6-26
所示。

图 6-25 "插入图片"对话框

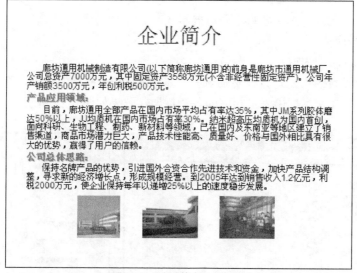

图 6-26 "企业简介"幻灯片

② 选择标题为"公司荣誉"幻灯片，将 6.2 节"素材"文件夹中的图片 SC6-5.gif、SC6-6.gif、
SC6-7.gif、SC6-8.gif、SC6-9.gif、SC6-10.gif 共 6 张图片依次插入到幻灯片中，效果如图 6-27
所示。

③ 选择标题为"产品工作原理"的幻灯片，将 6.2 节"素材"文件夹中的 SC6-11.jpg、
SC6-12.jpg 图片插入到幻灯片中，效果如图 6-28 所示。然后选择"插入/文本框/横排"命令
在幻灯片中插入文本框，按照图 6-29 所示效果在文本框中添加内容，并将文字和文本框均设
置为红色，旋转一定角度，让文本框倾斜。

图 6-27　"公司荣誉"幻灯片

图 6-28　"产品工作原理"幻灯片

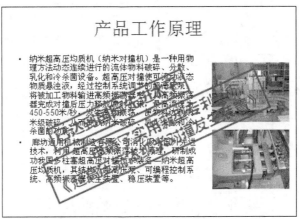

图 6-29　文本框效果

④ 将 6.2 节"素材"文件夹中的 SC6-13.jif、SC6-14.jpg、SC6-15.jpg 3 张图片插入到第 7 张幻灯片中。将 6.2 节"素材"文件夹中的 SC6-16.jpg、SC6-17.jpg 2 张图片插入到第 8 张幻灯片中，然后调整图片大小和位置，效果如图 6-30 所示。

图 6-30　"主要产品"幻灯片

（4）插入表格。

① 选择标题为"应用领域"的幻灯片，选择"格式/幻灯片版式"命令，在窗口右侧打开"幻灯片版式"任务窗格。单击"幻灯片版式"任务窗格下面的"其他版式"中的"标题和表格"样式，这样原幻灯片就变成带有"表格"占位符样式的幻灯片了，效果如图 6-31 所示。

② 双击"表格"占位符，打开"插入表格"对话框，在其中设置"列数"为2，"行数"为4，单击"确定"按钮，在幻灯片中插入一个4行2列的表格，效果如图6-32所示。

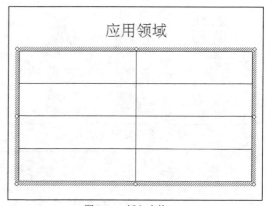

图6-31 带有"表格"占位符的幻灯片   图6-32 插入表格

③ 按照图6-33所示输入表格中的内容，并根据内容对文字和表格进行调整。

应用领域

食品工业	乳化脂肪的超微细化，香料分散，氨基酸钙螯合，维生素分散，酵母菌破碎，生酒 催化作用。
医药工业	脂肪乳剂调整分散，核蛋白糖微米化，药粉的超微粒化，各种中药制剂的纳米破碎、细胞破碎、生物菌的破碎。
化学工业	陶瓷土的破碎，无机颜料有机染料的破碎分散，各种乳化重合制剂分散乳化。
其他工业	高级打印墨水，感光材料超细化，纤维超细化，各种悬浊矿物液超微细化。

图6-33 "应用领域"幻灯片

3．美化幻灯片外观

（1）应用设计模板。

在菜单栏中选择"格式"→"幻灯片设计"命令，打开"幻灯片设计"任务窗格，在"应用设计模板"列表框中单击"Blends.pot"模板，应用于所有幻灯片。

（2）应用幻灯片母版。

① 任选一张幻灯片，选择"视图"→"母版"→"幻灯片母版"菜单命令，进入幻灯片母版的编辑状态。

② 选中"母版标题样式"占位符，设置母版标题样式为"隶书"。

③ 选中"母版文本样式"占位符，设置第一级文本样式为"宋体"。

④ 选择"插入/图片/来自文件"命令，打开"插入图片"对话框，在"查找范围"下拉列表框中搜索素材图片SC6-18.jpg，单击"插入"按钮将图片插入到幻灯片母版的下方。用同样的方法将图片SC6-20.jpg插入到幻灯片母版的左下角。调整图片的大小，效果如图6-34所示。

⑤ 选择"幻灯片母版视图"工具栏上的"插入新标题母版"按钮，插入一张"标题母版"。设置标题母版的标题的字体为"华文琥珀"，阴影效果，字号为44号；副标题的字体为

黑体，字号为 36 号。

⑥ 在标题母版的右下角插入图片 SC6-19.jpg（第 6.2 节素材图片 SC6-19.jpg），效果如图 6-35 所示。

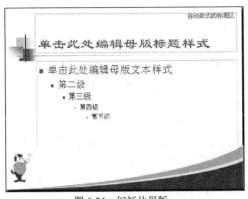

图 6-34　幻灯片母版

图 6-35　标题母版

⑦ 在"幻灯片母版视图"工具栏中，单击"关闭母版视图"按钮，返回"普通视图"。

（3）设计幻灯片。

① 选中标题幻灯片，执行"插入/影片和声音/文件中的声音"命令，打开"插入声音"对话框，效果如图 6-36 所示，在"查找范围"下拉列表框中搜索声音文件素材 SC6-21.mp3，单击"确定"按钮，弹出图 6-37 所示的对话框，单击"自动"按钮，给幻灯片插入背景音乐。选择幻灯片上的 🔊 图标，执行"幻灯片放映/自定义动画"命令，打开"自定义动画"对话框，选择动画效果名称右侧的下拉按钮，在弹出的下拉列表中选择"效果选项"命令，弹出"播放 声音"对话框，设置从第一张幻灯片播放开始至最后一张幻灯片结束循环播放音乐，如图 6-38 所示。

图 6-36　"插入声音"对话框

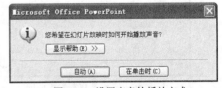

图 6-37　设置声音的播放方式

② 创建超链接。

■　选择标题为"目录"的幻灯片，拖动鼠标左键选择文本"公司简介"使文本呈高亮显示，选择"插入/超链接"命令，打开"插入超链接"对话框，效果如图 6-39 所示。

■　在"链接到"选项区域中选择"本文档中的位置"选项，在"请选择文档中的位置"列表框中选择标题中的"企业简介"，单击"确定"按钮，创建超链接完成，幻灯片中的"企业简介"文字颜色被改变，并且在文字下方添加了下划线。

图 6-38 "播放声音"对话框

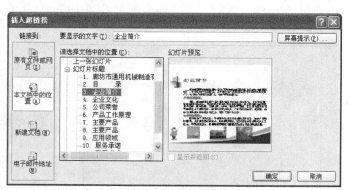

图 6-39 "插入超链接"对话框

■ 　设置返回动作按钮。选择标题为"公司简介"的幻灯片，选择"动作放映/动作按钮"命令，打开动作按钮列表。如图 6-40 所示。

■ 　单击"后退或前一项"按钮◁，鼠标指针变成十字形状，拖动鼠标到幻灯片的右下角绘制出按钮，同时打开"动作设置"对话框，如图 6-41 所示。

■ 　选择"单击鼠标"选项卡，单击"超链接到"右侧的下拉按钮，在下拉列表中选择"幻灯片"命令，打开"超链接到幻灯片"对话框，如图 6-42 所示。

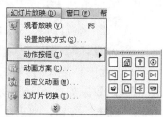

图 6-40 "动作按钮"命令

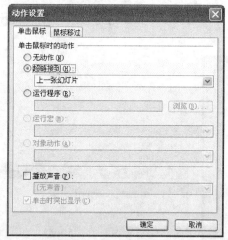

图 6-41 "动作设置"对话框

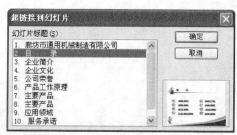

图 6-42 "超链接到幻灯片"对话框

■ 　选择幻灯片标题中的"目录"，单击"确定"按钮，返回动作按钮设置完成。

■ 　按照上述方法设置其他标题的超链接。

4．设置幻灯片的动画效果

（1）任选一张幻灯片，选择"视图"→"母版"→"幻灯片母版"菜单命令，进入幻灯片母版的编辑状态。

（2）在幻灯片母版中，选中"母版标题样式"占位符，选择"幻灯片放映"→"自定义动画"菜单命令，或右击鼠标，在弹出的快捷菜单中选择"自定义动画"命令，打开"自定义动画"任务窗格，如图 6-43 所示。

（3）单击"添加效果"按钮，选择"进入"→"其他效果"，打开"更改进入效果"对话框，如图 6-44 所示。在"华丽型"栏中选择"弹跳"，单击"确定"按钮，在"速度"下拉列表中选择"快速"。

图 6-43　"自定义动画"任务窗格

图 6-44　"更改进入效果"对话框

（4）在"幻灯片母版视图"工具栏中，单击"关闭母版视图"按钮，返回"普通视图"。

（5）选择标题为"产品工作原理"幻灯片，选中文本框中的第 1 段文字，在"自定义动画"任务窗格中，单击"添加效果"按钮，选择"进入"→"其他效果"，打开"添加进入效果"对话框，在"温和型"栏中选择"颜色打字机"，单击"确定"按钮。用同样的方法将第 2 段文字也设置为相同的动画效果，在"开始"下拉列表中选择"之后"。然后设置右侧的两张图片进入效果为"基本型"栏中的"十字形扩展"，在"开始"下拉列表中选择"之前"。然后选中"已达到国际先进水平"文本框，单击"添加效果"按钮，选择"进入"→"其他效果"，打开"添加进入效果"对话框，在"华丽型"栏中选择"曲线向上"，单击"确定"按钮。用同样的方法将另一个文本框设置为相同的效果。

（6）选择标题为"服务承诺"的幻灯片，选中文本框，打开"自定义动画"任务窗格，将自定义动画的"进入"效果设置为"基本型"的"棋盘"；在"开始"下拉列表框中选择"之后"，即在该张幻灯片放映的同时启动；保持文本框的选中状态，单击"添加效果"按钮，选择"退出"→"其他效果"，打开"添加退出效果"对话框，在"温和型"栏中选择"缩放"，单击"确定"按钮。然后将橘色文本框放入幻灯片外部，效果如图 6-45 所示。单击"添加效果"按钮，选择"动作路径"→"绘制自定义路径"→"自由曲线"，鼠标将变成笔的形状，拖动鼠标在幻灯片内绘制动作路径，效果如图 6-46 所示。

（7）用相同方法为其余几张幻灯片添加动画效果。

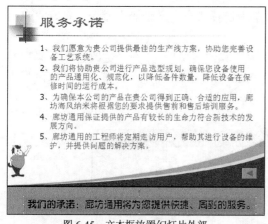

图 6-45　文本框放置幻灯片外部

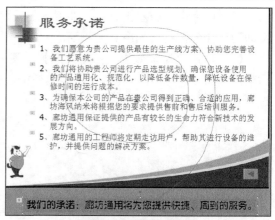

图 6-46　设置自定义路径

5．设置幻灯片的切换效果

（1）选择第 1 张幻灯片，选择"幻灯片放映"→"幻灯片切换"菜单命令，打开"幻灯片切换"任务窗格，如图 6-47 所示。

（2）在"应用于所选幻灯片"列表中，单击"水平梳理"切换效果。在"修改切换效果"区域中，"速度"选择"中速"。

（3）利用相同的方法设置其他幻灯片的切换效果。

6．放映幻灯片

（1）放映幻灯片的方法。

① 方法一：在菜单栏中选择"幻灯片放映"→"观看放映"命令。

② 方法二：在菜单栏中选择"视图"→"幻灯片放映"命令。

③ 方法三：单击 PowerPoint 窗口左下角的"幻灯片放映"按钮。

图 6-47　"幻灯片切换"任务窗格

④ 方法四：按 F5 键。

（2）结束放映的方法。

① 方法一：按 Esc 键。

② 方法二：在放映的过程中右击鼠标，选择"结束放映"命令。

7．打包演示文稿

（1）单击"文件/打包成 CD"命令，弹出"打包成 CD"向导对话框。

（2）在对话框中单击"选项"按钮，弹出"选项"对话框。

（3）若计算机配有刻录机，则单击"复制到 CD"按钮，否则单击"复制到文件夹"按钮，弹出"复制到文件夹"对话框。

（4）单击"浏览"按钮，弹出"选择位置"对话框。在对话框中选择存放的位置，然后单击"选择"按钮，程序开始打包，打包工作完成后，返回"打包成 CD"对话框。

（5）单击"关闭"按钮，退出打包程序。

6.3　实 训 项 目

 **项目描述**

又是一个新学期的开始，一大批怀揣梦想的青年走进了自己理想的校园，开始了丰富多彩的大学生活。为了让他们能够更好地了解自己所学专业的前景，尽早地确定自己的学习方向，明确学习目标，请同学们为自己所学专业制作一组入学教育的幻灯片。

 项目要求

1．至少制作 10 张幻灯片，目录幻灯片中包含每张幻灯片的标题名称。
2．幻灯片要求图文并茂。
3．根据内容设置适当的动画效果。
4．可以随时跳转到目录页、第一页、最后一页。

第7章

FrontPage 网页制作

7.1　制作简单的个人网站

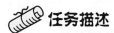 **任务描述**

学生小薛学习了 FrontPage 网页制作，想制作一个简单的网站来创造一个展示销售自家大枣的平台，使客户通过网站就能了解自家大枣的相关信息。

实现方案

1．首先根据要网站的主题组织网站的内容，并规划网页布局结构。
2．创建站点，制作网页。
3．网页适当修饰，以便于能引起人们的注意。

相关知识点

- 网页的建立、保存。
- 文本的编辑。
- 网页属性的设置。
- 表格、图片的使用。
- 超链接的使用。
- 站点的管理。
- 网站的发布。

操作步骤

（1）网页采用表格布局，规划出页面布局结构图，如图 7-1 所示。
（2）启动 FrontPage，创建站点 mysite。

单击"文件"菜单→"新建"→"由一个网页组成的网站"，打开"网站模板"对话框，单击"空白网站"，并设定站点保存位置，如图 7-2 所示。将图片素材放在"images"文件夹中。

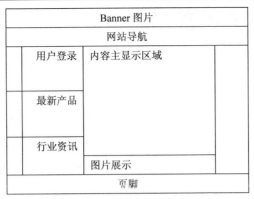

图 7-1　网页布局结构图

（3）新建网站首页。

单击"文件"菜单→"新建"→"空白网页"，创建一个新的网页。单击常用工具栏"保存"，保存网页到"mysite"根目录下。命名为"index.htm"。

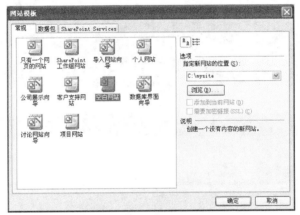

图 7-2　网站模板

（4）打开"index.htm"，设置网页属性。单击"格式"菜单→"属性"，设置"标题"为"薛记大枣"，上边距和左边距都为 0 像素。

（5）使用表格完成基本的页面布局。单击"表格"菜单→"插入"→"表格"，打开"新建表格"对话框，设置行数 4，列数 1，对齐方式"居中"，指定宽度 950 像素，单元格衬距间距为 0。边框粗细为 0，背景颜色为"褐紫红色"，如图 7-3 所示。

（6）设置第 1 行单元格属性，高为 198 像素，使用背景图片"topbg.jpg"，如图 7-4 所示。插入图片"topbanner.jpg"，居中对齐，效果如图 7-5 所示。

（7）制作导航栏，设置第 2 行背景颜色为"#CE1C18"，高为 30 像素。拆分第 2 行为 13 列，给第 1、3、5、7、9、11 列设置单元格宽为 100 像素，分别输入文本"首页"、"最新产品"、"红枣价值"、"大红枣酒"、"特色红枣"。"联系我们"。在第 2、4、6、8、10、12 列中都插入"|"。统一设置单元格内容居中对齐，效果如图 7-6 所示。

（8）拆分第 3 行，拆分为 4 列。设置第 1 列宽 81 像素；第 2 列宽 200 像素，背景颜色为"#CE1C18"；第 3 列宽 588 像素，背景颜色白色；第 4 列宽 81 像素，效果如图 7-7 所示。

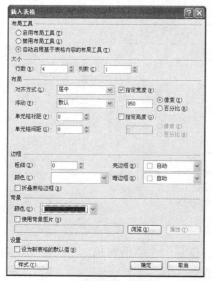

图 7-3 插入表格

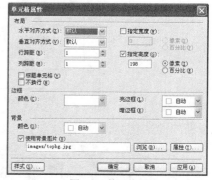

图 7-4 单元格属性

图 7-5 Bnner 效果

图 7-6 导航栏的效果

图 7-7 效果

（9）将第 3 行、第 3 列拆分成 3 行，每一行插入一个表格，这样来实现"用户登录"、"最新产品"、"行业资讯" 3 个模块。

（10）制作"用户登录"表格。插入表格，设为 6 行 2 列，宽度 200 像素。第 1 行合并单元格，设置行高 30 像素，背景颜色为"#CE1C18"。插入图片"dot1.gif"，在图片后输入文字"用户登录"。第 3 行，行高 20 像素，第 1 列"用户名"，第 2 列单击"插入"菜单→"表单"→"文本框"。将 2 个按钮剪切再粘贴到第 6 行的 2 个单元格，并更改按钮表面文字为"登录"、"在线注册"，效果如图 7-8 所示。

（11）与上步骤类似，制作"最新产品"和"行业资讯"，效果分别如图 7-9、图 7-10 所示。

图 7-8 用户登录效果

图 7-9 最新产品效果

图 7-10 行业资讯效果

（12）制作内容主显示区域。将最外侧布局表格的第 3 行第 3 列拆分为 3 行。在第 1 行中进行图文混排，显示主要内容，效果如图 7-11 所示。

图 7-11　内容主显示区域效果

（13）制作分割线。设置第 2 行单元格高 2 像素，背景颜色为"#CE1C18"。

（14）设置图片展示的表格。在第 3 行插入表格，2 行 3 列，单元格居中对齐。第 1 行 3 个单元格依次插入图片"jiangkanghong.jpg"、"xinjiangzao.jpg"、"jiangte.jpg"。第 2 行 3 个单元格依次输入文字"健康红"、"新疆枣"、"健康红特级"。

（15）设置页脚，在布局表格的第 4 行，设置单元格高 100 像素，背景图片"bottombg.jpg"。在表格最后插入一行，设置单元格背景颜色"#FF8E8C"，居中对齐，输入文字"联系人：薛某某　电话：0312-8221645"，按 shift+enter 组合键换行，输入"地址：河北省易县　邮编：074200 邮箱：xzk18_2006@163.com"。首页制作完毕，效果如图 7-12 所示。

（16）采用同样方法制作其他网页，最新产品、红枣价值、大红枣酒、特色大枣、联系我们，如图 7-13 至图 7-17 所示，最后设置导航栏的超级链接，构成一个整体。

图 7-12　首页效果

图 7-13　最新产品页的效果

图 7-14　红枣价值页的效果

图 7-15　大枣红酒页的效果

图 7-16　特色大枣页的效果

图 7-17　联系我们页的效果

7.2　个人网站的高级使用

 任务描述

小薛想使用模板来管理和创建网页，并将网站发布。

实现方案

通过现有网页创建模板，再使用模板重新制作网页。然后申请免费空间，发布网站。

相关知识点

■　模板。

- 申请免费空间。
- 发布网站。

 操作步骤

1. 为网站创建模板，并使用模板创建网页

根据本网站网页布局的结构，我们发现几个网页只是在"主内容显示区域"的内容不同，其他区域的内容是没有变化的。这样完全可以创建模板来管理本站。如图 7-1 所示，我们把"主内容显示区域"设为可编辑区域，其他区域为不可编辑区域即可。

（1）在站点根文件夹 mysite 下，新建 Templates 文件夹。

（2）将首页主显示区域的内容清空，单击"文件"菜单→"另存为"，打开"另存为"对话框，选择保存位置 Templates 文件夹，保存类型为"动态 web 模板"，文件名为"moban.dwt"，如图 7-18 所示。

（3）自动打开模板文件 moban.dwt，选择"快速标签编辑器"中主显示区域的单元格标签<td>。单击"格式"菜单→"动态 Web 模板"→"管理可编辑区域"，打开"可编辑区域"对话框，区域名称"main"，添加，然后关闭，如图 7-19 所示。这样就将主内容区域编辑成模板的可编辑区域，如图 7-20 所示。

图 7-18　另存为模板

图 7-19　"可编辑区域"对话框

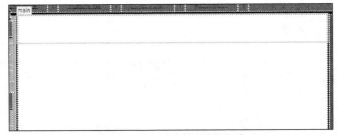

图 7-20　主显示区域中的可编辑区域 main

（4）使用模板创建网页。单击"文件"菜单→"新建"→"根据现有网页"，选中"moban.dwt"，创建即可。然后在可编辑区域插入内容。

2. 发布网站

首先，申请试用的虚拟主机。得到网站提供给出用户的用户名、网址、FTP 地址、服务

器 IP、FTP 用户名、FTP 密码等，如图 7-21 所示。

　　然后，打开要发布网站，选择"文件"→"发布网站"，打开"远程网站属性"对话框，这次选中"FTP"单选项，输入远程网站的位置，即 FTP 地址（或服务器 IP）→"确定"，如图 7-22 所示。

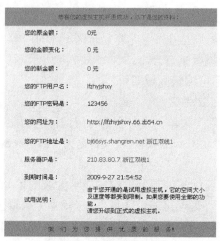

图 7-21　申请虚拟主机

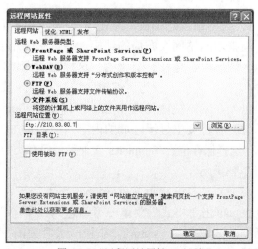

图 7-22　"远程网站属性"对话框

　　最后，输入用户名和密码，如图 7-23 所示。确定位置，发布网站。或使用 FTP 的专用软件如 CuteFTP 发布，如图 7-24 所示。

图 7-23　输入用户名和密码

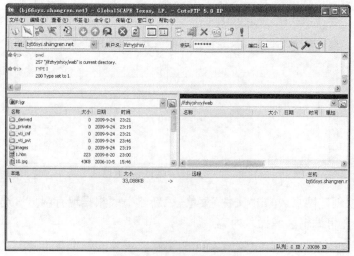

图 7-24　CuteFTP 发布网站

第8章

NIT 辅导

8.1 Word 文字处理模块

Word 模块

模块任务一

1．新建一个文档，请在规定的时间内完成文档的录入工作。

西湖夜色

夜，以让人无法察觉的轻盈来到我们身边，当它用黑的轻纱将榕城覆裹时西湖的灯亮了。

夜的西湖是迷人的，五彩斑斓的灯光好象是为西湖裁制了羽衣倪衫。此刻无风，西湖的水平得像一面镜子。蓝色的灯将湖水环绕，春夜特有的朦胧与蓝色的灯光交融，使得湖面笼罩了一层厚厚的蓝紫色的雾气。高楼大厦上五光十色的彩灯穿透了湖面上浓郁的蓝紫色气雾，在水中打出了缤纷的倒影。湖畔的树也争相将它的枝桠探向湖面，似乎想要将那美丽的蓝紫纱披在自己的身上，让自己也和湖水一样如梦如幻……

一阵清风拂过水面，使得水中晶莹夺目的灯影又翩翩起舞，是风让它们无法安静还是它们原就喜欢跳舞?远处的桥面也布着一道彩色的灯，时而是白灯闪亮，灯光倒映在水面上泛起了一片闪烁的白色，远远的望去好似万树梨花争白。时而又是彩灯辉映，暗沉的湖水顿时千姿百媚生气岸然。远处的湖面驶来两只小船，划碎了成片的水中倒影，蓝紫雾包裹着小船朦朦胧胧。西湖夜色真是如诗如画。空气中传来阵阵的歌声与花香、沁人心脾使得西湖之夜更添神秘色彩，若不是路人的笑语打破这幽静的夜，我仍置身于这人间仙境。我真想就住在西湖做一凡尘仙子!

此时此刻，也不知是我置身于这美丽的西湖之夜还是西湖属于了我。谁说杭州的西湖比福州的美，我说榕城的西湖赛仙境……

以"YZ8-1-1.doc"为文件名保存在"8.1\NIT-Word 模块任务\任务一\样张"文件夹下，然后进行以下设置。

要求：

（1）设置页边距为上 2 厘米，下 2 厘米，左 2.5 厘米，右 2.5 厘米；装订线位置为左，为 1.5 厘米。

（2）设置标题为黑体，三号，字符间距加宽 2 磅，居中对齐，段前段后 6 磅。正文为宋体，小四号，首行缩进 2 个汉字。

（3）将正文分为两栏，栏间距为 0.5 厘米，加分隔线。

（4）给"西湖夜色"一行添加底纹：图案样式为"12.5%"，边框：设置阴影、颜色：灰-25%，宽度为 1.5 磅。

（5）给"西湖"添加批注"榕城西湖。"，批注的颜色为绿色。

（6）在样文所示位置插入一个文本框。在文本框中插入图片，图片为"8.1\NIT-Word 模块任务\任务一\素材\TP 榕城西湖.jpg"。设置文本框为：无填充色，无线条线，四周型环绕。

（7）输入页眉"· 散文 ·"、"第 N 版"（N 为插入的页码数字）。

（8）设置文件的保存方式为"快速保存"。

（9）保存文件。

提示

文中省略号输入方法：在中文状态下，按 Shift+6 组合键。

批注的颜色为绿色设置方法：在"工具→选项→修订"选项卡下设置。

设置文档快速保存方法：在"工具→选项→保存"选项卡下选中"☑ 允许快速保存(P)"。

2. 完成"8.1\NIT-Word 模块任务\任务一\素材\SC8-1-2.doc"文档排版。

（1）设置整篇文档纸张为 A4，纵向，页面中的文字垂直对齐方式为居中，并参照样张为整篇文档添加行号，编号方式为连续编号。

（2）更改标题 1 样式：文字颜色为红色，四号，居中对齐，段前为 0 行，单倍行距，并应用于本文档。

（3）设置除标题以外的其他文字：宋体，五号，首行缩进两个汉字，段前、段后均为 0 行，段落底纹（自定义 RGB 颜色：红色 204，绿色 255，蓝色 51）。

（4）设置标题文字外所有的文字"《背影》"：阴影，礼花绽放效果。

（5）文末添加一个空白行，输入文字"摘录日期："，其后插入当前日期，日期为自动更新，设置小五号字，右对齐。

（6）参照样张，设置页眉文字为"摘自网络短篇散文"，宋体，五号。在页面底端处插入页码，居中对齐。

（7）参照样张，设置艺术型页面边框：宽度为 22 磅。

（8）设置保护文档的内容为修订，密码为"CLK"。保存文件在"8.1\NIT-Word 模块任务\任务一\样张"文件夹下名为"YZ8-1-2.doc"。

提示

设置页面中文字垂直对齐方式和行号的方法：均在"页面设置"对话框的"版式"选项卡下设置。

本题第 2 步：更改样式，并应用于本文档，注意顺序的设置。

保护文档内容为修订并设置密码的方法："工具→保护文档"，在右侧任务窗格中选择"编辑限制"选项下的 ☑仅允许在文档中进行此类编辑: 下的"修订"选项，单击 是,启动强制保护 ，进行密码设置。

模块任务二

1. 打开"8.1\NIT-Word 模块任务\任务二\素材\SC8-1-1.doc"，完成编辑后，以"YZ8-1-1.doc"为文件名保存在"8.1\NIT-Word 模块任务\任务二\样张"文件夹下。

（1）设置表标题"书目表"为楷体 GB2312，二号，加粗，居中对齐，设置表内文字为宋体，五号。

（2）设置表格列宽，第 1、第 3 列均为 4 厘米，第 2、第 4 列均为 1.5 厘米。

（3）参照样张，使用手工绘制表格方法添加表列，并合并单元格，输入列标题。

（4）为表格设置表格线，外框橙色，3 磅，内格线绿色，1 磅。并为表格填充底纹（自定义 RGB 颜色：红色 255，绿色 210，蓝色 230）。

（5）利用统计函数计算图书的总本数和总价格，填入表中。

（6）设置表格水平居中，表中文字数据中部居中。

提示

计算图书总本数的函数为 COUNT。本函数只对包含数字的单元格进行计算。另外对多个不连续的区域计算时，区域表示与区域表示之间用英文状态下的"逗号"分隔。

2. 完成"8.1\NIT-Word 模块任务\任务二\素材\SC8-1-2.doc"的表格排版操作。

（1）选定"项目"到"教师节活动"这一段文字，将其转换成 4 列的表格。

（2）在转换后的表格后面插入空行，设置行高为固定值 1 厘米，合并单元格，输入文字"汇总"。

（3）利用公式求出汇总金额，并填入表格中，设置数据格式为货币格式。

（4）设置表格列宽为"根据内容调整表格"。

（5）为表格套用格式"古典型 2"。

（6）设置表格水平居中，表格内数据垂直居中。

（7）保存文件在"8.1\NIT-Word 模块任务\任务二\样张"文件夹下名为"YZ8-1-2.doc"。

模块任务三

1. 打开"8.1\NIT-Word 模块任务\任务三\素材\SC8-1-1.doc"进行排版设置。

（1）设置页面：纸张大小为自定义大小，宽度 21 厘米，高度 27.7 厘米；页眉 1.44 厘米，页脚 1.64 厘米。

（2）设置文字"人生如棋局"为艺术字，样式为第 4 行第 3 列；粗体；陀螺形形状；旋转效果为-10 度（即 350 度）；竖排文字，阴影样式 5，阴影颜色为绿色；填充效果：预设、熊熊火焰；四周型环绕，环绕位置为左边。

（3）在文档中插入一幅图片，来自"8.1\NIT-Word 模块任务\任务三\素材\ TP 棋盘.jpg"，其高度、宽度缩放为 90%，并将图片的亮度增加 3 个级别，紧密型环绕。

（4）设置最后一个自然段，底纹为浅色下斜线，颜色为玫瑰红色。

（5）设置度量单位为"磅"。

（6）按样文添加页眉文字。

（7）保存在"8.1\NIT-Word 模块任务\任务三\样张"文件夹下名为"YZ8-1-1.doc"。

提示

设置图片的亮度级别：注意不要在"图片工具栏"上单击设置，而要在"设置图片格式"对话框中"图片"选项卡下设置，1 个亮度级别为 1%。

度量单位的设置方法："工具→选项→常规"选项卡下设置。

2．打开"8.1\NIT-Word 模块任务\任务三\素材\SC8-1-2.doc"进行排版设置。

（1）设置标题文字"成功要素：意念、信念、坚持、积累、失败"：楷体 GB2312，缩放 150%，段后 6 磅。

（2）将标题放入到文本框中，设置文本框填充为水滴，线条为带图案的线条：横向砖形，背景为灰色-25%，宽度为 2 磅。文本框高为 0.85 厘米。

（3）选中文本框，使其相对于页，水平居中对齐。

（4）再次插入一个文本框，高 7.8 厘米，宽 3.5 厘米。文本框为三维样式 6；三维颜色为深红，上翘，填充为"8.1\NIT-Word 模块任务\任务三\素材\TP 成功之路.jpg"图片。四周型环绕，距正文上、下、左、右各 0.1 厘米，移动到合适的位置。

（5）为正文的标题设置深蓝色、加粗，并参照样张，为正文的标题加上自动编号，也为深蓝色，加粗。设置正文标题外的文字首行缩进 2 个汉字。

（6）在文档中绘制图形：正的爆炸形 2 图形，线条颜色为金色；填充效果为双色：颜色从金色到黄色；置于顶层。并添加艺术字，文字为"成功"，样式为第 1 行第 4 列。

（7）为正文第一段中的文字"成功"添加尾注："📖成功就是达成所设定的目标。"。

（8）保存在"8.1\NIT-Word 模块任务\任务三\样张"文件夹下名为"YZ8-1-2.doc"。

提示

设置文本框相对于页水平居中的方法：选中文本框后，通过单击"绘图"工具栏上的"对齐或分布"，在其级联菜单中设置。

模块任务四

1．新建文档，绘制以下公式，保存在"8.1\NIT-Word 模块任务\任务四\样张"文件夹下名为"YZ8-1-1.doc"。

$$\frac{x^2}{a^2} + \frac{y^2}{b^2} = 1 \qquad \begin{cases} x_1 + x_2 = a \\ x_1^2 + x_2^2 = b \end{cases} \qquad y = \sqrt[3]{x}$$

公式 1 　　　　　　　　公式 2 　　　　　　　　公式 3

$$x = \frac{x_1 + x_2}{2} \qquad \int_a^b f(x)\mathrm{d}x \qquad y = \log_a x$$

公式 4 　　　　　　　　公式 5 　　　　　　　　公式 6

2．新建文档，使用组织结构图描述公司内部各组成部分的结构，下图供参考。操作后保存在"8.1\NIT-Word 模块任务\任务四\样张"文件夹下，名为"YZ8-1-2.doc"。

【要求】：组织结构图高为 10 厘米，字体为宋体，五号。

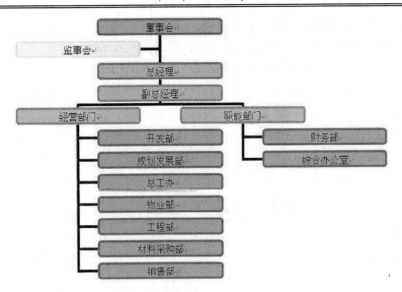

模块任务五

1．邮件合并

新世纪疯狂英语学校培训班现在马上要完成一个阶段的培训，现要面向广大学员进行考核，请用简便的方法帮助学校来制作准考证。

（1）参考下图制作一份准考证的主文档，要求纸张大小宽 8 厘米、高 6 厘米，设置合适的页边距，以"YZ8-1-1.doc"为文件名保存到"8.1\NIT-Word 模块任务\任务五\样张"文件夹下。

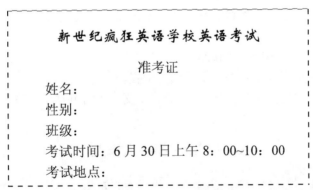

（2）参考下面的格式建立数据源文件，以"YZ8-1-2.doc"为文件名保存到"8.1\NIT-Word 模块任务\任务五\样张"文件夹下。

姓名，性别，班级，考试地点，通讯地址，邮编
李建，男，1 班，教一楼 101 室，昌成小区 12 栋 3 单 210 室，065000
王楠，男，1 班，教一楼 102 室，永华家属楼 4 单 503 室，065000
刘润，女，2 班，教一楼 101 室，马家屯村，065000
张晓艳，女，3 班，教一楼 103 室，新江路轻工业园宿舍楼 2 单 402 室，065000
……

（3）使用邮件合并功能，批量制作准考证，文件名为"YZ8-1-3.doc"。

（4）为了在考试结束后给学生寄发成绩单，请使用邮件合并功能，批量制作信封，以"YZ8-1-4.doc"为文件名进行保存。信封格式如下。

065000

昌成小区 12 栋 3 单 210 室

李建　　　收

新世纪疯狂英语学校教务处

065000

2．绘制图形

打开"8.1\NIT-Word 模块任务\任务五\素材"文件夹下的文件"SC8-1-5.doc"，进行如下操作，最后保存文件为"YZ8-1-5.doc"。

（1）绘制自选图形正八角星，然后将"8.1\NIT-Word 模块任务\任务五\素材"文件夹下的图片"TP 花朵.jpg"填充。

（2）绘制正太阳形图形，填充和线条颜色都设为红色。

（3）绘制云形标注，填充为淡蓝色到白色的双色渐变。设置图形相对于画布顶端对齐，水平居中。

（4）绘制蓝球，使其用不同颜色相间。

（5）适当调整各图形的大小及与文字的相对位置。

（6）设置绘图画布宽度为 15 厘米，版式为衬于文字下方并居中对齐，填充颜色为纹理：花束。

NIT-Word 模块大作业

NIT 文字处理模块大作业

1．总体要求

设计制作一份小报"校园小报"，A4 幅面，共 4 版。版面内容自选，进行排版，并结合个人的爱好及配合所选文章内容插入适量的图形、图片、特殊符号等，加上艺术边框。

2．第 1 版基本要求

主题——制作艺术字标题、插入文本框及简明图形或图片修饰的文档。

（1）报头用艺术字，期号等运用文本框，适当进行美化、修饰。

（2）插入适当的图片、剪贴画（用于文字分隔）等。

（3）文档要有段落和分栏，必要的字形、字体及颜色修饰，适当设置边框和底纹。

（4）首页不要页眉。至少有两篇约 350 字左右的文档，适当进行版面设计。

3．第 2 版基本要求

主题——制作有分栏及字体特殊修饰的文档，并进行图文混排排版。

（1）首字下沉，部分段落分栏，文字加下划线（不同类型），文字加着重号，段落设置边框、底纹，插入特殊符号等。

（2）插入自选图形，添加文字、文本框，利用"图文混排"功能，恰当调整图形对象在文档中的位置。

（3）插入适当的图片用于文档段落的层次划分，对文本框进行艺术修饰。

（4）文档中一至两篇文章组成，字数在 400 字左右，并有页眉：主题名称及版次，按奇偶页不同设置。

4．第 3 版基本要求

主题——制作分栏文档，并配有图形、图片修饰。

（1）将一篇 500 字左右的文档进行分栏设置，利用自选图形"横卷形"添加适当的文字作为版面的标题，并有页眉：主题名称及版次，按奇偶页不同设置。

（2）插入适当的图形、图片进行点缀修饰。

（3）插入一幅小的图形或图片，调整至适合的大小，进行复制并组合，用于分栏文档的中间分隔修饰。

5．第 4 版基本要求

主题——制作表格文档。

（1）要求在表格中进行单元格计算，排序。

（2）表格要设置底纹和边框。

（3）文字说明在 100 字左右。

NIT–Word 模拟题

模拟题一

1．打开素材"8.1\NIT–Word 模拟题\模拟题一\素材"文件夹下的"SC8-1-1.doc"文件，以 YZ8-1-1.doc 为文件名保存在此路径的样张文件夹下，并参照样张继续在 YZ8-1-1.doc 完成如下操作。

（1）在文末插入素材文件"SC 地理常识.doc"文件中的内容。

（2）启用修订，将插入的文字的颜色设为红色。

（3）将"地形"和"岛屿"两部分内容互换位置。

（4）参考样张，设置项目符号。

（5）为文中的文字"北京"添加拼音，字号为 8。

（6）标题缩放 150%，水平居中。

（7）参照样张设置艺术型边框，度量依据为"文字"。

（8）保存文件。

提示

第 2 步"启用修订，将插入的文字的颜色设为红色"的方法："工具→选项→修订"选项卡下，设置"标记"下"插入内容"为"仅颜色"，"颜色"为"红色"。

2．打开素材"8.1\NIT-Word 模拟题\模拟题一\素材"文件夹下的"SC8-1-2.doc"文件，请参照样张继续在文件中完成下列操作。

（1）设置第 1 页第 5 行开始的段落为 1.5 倍行距。

（2）将第 1 页第 5 行开始的自然段拆分为 3 个段落。

（3）对文档进行分页，使龙卷风的 4 个形成阶段分别独占一页。

（4）为第 2 页上的图片添加题注，由此会引起后续题注和其引用文字的变化，请进行刷新。

（5）在第 2 页第 1 行的文字中对本页图片的题注进行引用。

（6）设置文中中文文字为宋体，小四号，英文文字为 Times New Roman，小四号。

（7）保存文件在"8.1\NIT-Word 模拟题\模拟题一\样张"文件夹下名为 YZ8-1-2.doc。

提示

第 3 步"对文档进行分页，使龙卷风的 4 个形成阶段分别独占一页"的方法：使用分页符。

第 6 步中文和英文字体的设置方法：在"字体"对话框中，将"中文字体"选择"宋体"，"西文字体"选择"Times New Roman"，字号为"小四"，同时进行设置。

3．打开素材"8.1\NIT-Word 模拟题\模拟题一\素材"文件夹下的"SC8-1-3.doc"文件，完成如下操作后保存在"8.1\NIT-Word 模拟题\模拟题一\样张"文件夹下，文件名为YZ8-1-3.doc。

（1）整篇文档设置 B5 纸型，上下页边距为 3 厘米，左右页边距为 3.2 厘米，页面边框为阴影、橙色、3 磅实线线型，边框度量依据为"文字"方式，页边距距左和右为 6 磅。

（2）将文章改为竖排文字。

（3）将标题放入竖排文本框中，并设置：预设的漫漫黄沙的填充效果，紧密型环绕，边框为青绿色，短划线，2 磅，并适当调整文本框的大小，将其相对于页，垂直居中。

（4）在文中插入"8.1\NIT-Word 模拟题\模拟题一\素材"文件夹下的图片"TP01.jpg"，并设置：缩放比例为 200%，对比度为 60%，衬于文字下方，调整图片的位置。

（5）参考样张，添加页眉文字。

4．打开素材"8.1\NIT-Word 模拟题\模拟题一\素材"文件夹下的"SC8-1-4.doc"，完成如下操作后，保存在样张文件夹下文件名为 YZ8-1-4.doc。

（1）将文本转换成一个 19 行 6 列的表格。

（2）参考样张，绘制斜线表头。

（3）删除表中的空白行。

（4）将 2～5 列设置为等宽。

（5）设置表格水平居中对齐；表内数据中部居中。

（6）使用函数计算没有填写合价的相应单元格。

（7）参考样张，拆分表格。

提示

绘制斜线表头：使用"表格→绘制斜线表头"命令，不能手绘。

表格的拆分与合并问题：拆分——将光标位于要划分到下面表格第一行的行中，执行"表格→拆分表格"命令。若要将上下两个表格合并为一个表格，可将两个表格中间的段落标记选中，按 Delete 键即可。

5．使用组织结构图描述计算机各组成部分的结构，类型：第 1 行第 1 个。宋体五号字，文字环绕方式：浮于文字上方，并调整其位置。最后保存在"8.1\NIT-Word 模拟题\模拟题一\样张"文件夹下，名为 YZ8-1-5.doc。

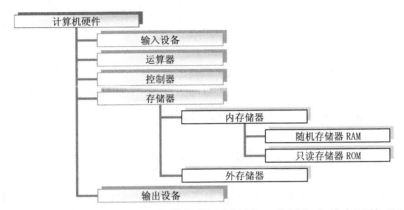

6．请参照样张完成"8.1\NIT-Word 模拟题\模拟题一\素材"文件夹下的"SC8-1-6.doc"的邮件合工作。

（1）以素材中的"SC8-1-6.doc"文件为主文档，以"SC 客户.xls"文件为数据源，进行邮件合并。

（2）插入合并域。

（3）保存在"8.1\NIT-Word 模拟题\模拟题一\样张"文件夹下，名为 YZ8-1-6.doc 文件。

模拟题二

1．打开素材"8.1\NIT-Word 模拟题\模拟题二\素材"文件夹下的"SC8-1-1.doc"文件，以 YZ8-1-1.doc 为文件名保存在样张文件夹下，并参照样张继续在 YZ8-1-1.doc 完成如下操作。

（1）参照样张，设置标题为带圈字符，增大圈号样式。

（2）将文中的 3 个标题设置为：四号，加粗，红色，着重号，文字缩放 150%。

（3）设置 3 个标题：底纹为浅绿色；边框为阴影，橙色，3 磅。

（4）参照样张，显示编辑标记，将全文所有的全角空格删除。

（5）参照样张，将正文分为两栏，并将第 3 个标题设置在第 2 栏中，适当调整最后一张图片的位置。

（6）保存文件。

提示

第 4 步"显示编辑标记，将全文所有的全角空格删除"的方法：单击"常用工具栏"上的"显示/隐藏编辑标记" ↓ 按钮，选中文中任意一个空格，进行复制；打开"替换"对话框，在"查找内容"框中进行粘贴，"替换为"框中单击，单击"全部替换"按钮。

第 5 步将第三个标题设置在第二栏中方法：将光标放在第三个标题前面，执行"插入→分隔符→分栏符"命令。

2．打开素材"8.1\NIT-Word 模拟题\模拟题二\素材"文件夹下的"SC8-1-2.doc"文档作如下编辑，最后保存文档在"8.1\NIT-Word 模拟题\模拟题二\样张"文件夹下为 YZ8-1-2.doc。

（1）标题文字"漫漫人生路 希望总在前方"设置为艺术字，第 5 行第 6 列样式，楷体-GB2312，艺术字形状为细环形；设置预设颜色的碧海青天的填充效果，底纹样式为中心辐射中的变形 1，四周型版式，适当调整艺术字位置。

（2）在文中插入"8.1\NIT-Word 模拟题\模拟题二\素材"文件夹下的图片"TP 牡丹.jpg"，设置图片高度为 2 厘米，宽度为 2 厘米，将图片环绕方式设置为四周型，图片颜色调整为冲蚀，并调整图片的位置。

（3）参照样张，改变自选图形形状，移动到合适的位置。

（4）在页脚中插入"8.1\NIT-Word 模拟题\模拟题二\素材"文件夹下的图片"TPbottom.jpg"。

（5）给文档背景设置为水印效果，水印为一幅来自"8.1\NIT-Word 模拟题\模拟题二\素材"文件夹下的"TP 背景图片.jpg"的图片，缩放为 150%。

提示

改变自选图形形状方法：选中自选图形，单击"绘图"工具栏左侧的"绘图"按钮，从中选择"改变自选图形"选项进行设置。

3. 打开素材"8.1\NIT-Word 模拟题\模拟题二\素材"文件夹下的"SC8-1-3.doc"，完成如下操作后，在"8.1\NIT-Word 模拟题\模拟题二\样张"文件夹下保存文件名为 YZ8-1-3.doc。

（1）设置表格各行的行高为固定值 1 厘米。

（2）设置表格总宽度为 10 厘米。第 1 列列宽为 3 厘米，其余各列的宽度相等。

（3）参照样张，合并单元格并绘制 1 磅黑色细实斜线。

（4）设置表格居中对齐，表内数据水平和垂直都居中。

（5）利用函数求出总分和每个同学每门课程的最高分，放在相应的单元格。其中总分数值保留 2 位小数。

（6）对总分列进行降序排列。

4. 新建文档，使用公式编辑器输入公式，将结果保存在"8.1\NIT-Word 模拟题\模拟题二\样张"文件夹下，名为 YZ8-1-4.doc。

$$\lim_{x \to \infty} x_n = a \qquad\qquad \tan \alpha = \frac{\sin \alpha}{\cos \alpha} \qquad\qquad n - \sum_{n-1}^{m} \partial_n^{kp}$$

公式 1　　　　　　　　　公式 2　　　　　　　　　公式 3

$$d = \frac{|Ax_0 + By_0 + C|}{\sqrt{A^2 + B^2}} \qquad\qquad x = \frac{-b \pm \sqrt{b^2 - 4ac}}{2a}$$

公式 4　　　　　　　　　公式 5

$$\rho = 2\rho g \int_0^3 x\sqrt{9 - x^2}\,\mathrm{d}x$$
$$= -\rho g \frac{2}{3}(9 - x^2)^{3/2}\Big|_0^3 \qquad\qquad \sin^2 \alpha + \cos^2 \alpha = 1$$
$$= 18\rho g$$
$$= 180(kn)$$

公式 6　　　　　　　　　公式 7

5. 在下面的数学题中要求绘制如图所示的图形。将结果保存在"8.1\NIT-Word 模拟题\

模拟题二\样张"文件夹下，名为 YZ8-1-5.doc。

设 P 是曲线 $y^2=4(x-1)$ 上的一个动点，则点 P 到点（0，1）的距离与点 P 到 y 轴的距离之和的最小值是多少？

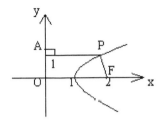

提示

图中曲线图形的绘制：单击"绘图"工具栏上的"自选图形"按钮，从中选择"线条"选项中的"曲线"进行设置。

8.2　PowerPoint 演示文稿模块

NIT-PowerPoint 模块任务

模块任务一

1. 根据内容提示向导，创建与编辑演示文稿。

要求：使用"常规"演示文稿类型中的"建议方案"内容提示向导，自己组织文字内容，删除多余的幻灯片，创建一个用于会议讲座的演示文稿，以"YZ8-2-1.ppt"为名，保存在"8.2\NIT-PowerPoint 模块任务\任务一\素材"文件夹下。

2. 打开"8.2\NIT-PowerPoint 模块任务\任务一\素材"文件夹下的"SC8-2-2.ppt"文件，参照样张，完成综合应用。

（1）为第 1 章幻灯片的标题添加批注："表达对人生感悟、感想的话。"。

（2）调整第 2 张、第 3 章幻灯片的位置。

（3）在第 2 张幻灯片中，为两个圆形自选图形设置"三维样式 7"的三维效果，并设置三维颜色为浅蓝色（RGB={255，214，153}），上翘，右下角照明角度。

（4）在第 3 张幻灯片中，将目标图示设置为"轮子"进入的动画效果，"电压"声音，"向内环绕"组合图示动画，再将目标图示设置为"百叶窗"退出的动画效果。

（5）在幻灯片标题母版中的左下角日期区插入自动更新日期，日期格式见样张：宋体，字号 20。

（6）操作完成后保存在"8.2\NIT-PowerPoint 模块任务\任务一\样张"文件夹下名为"YZ8-2-2.ppt"。

模块任务二

1. 新建一个演示文稿，操作完成后将其保存在"8.2\NIT-PowerPoint 模块任务\任务二\样张"文件夹下，以"YZ8-2-1.ppt"为名进行保存。

（1）在第 1 张幻灯片中结合下图制作一份带表格的幻灯片，设置文字与数据的对齐格式，字体为采用默认设置，并为表格中总分列填充底纹（提示：使用文本框插入"期末考试"）。

（2）在第 2 张幻灯片中，结合样张，利用上题中生成的第 1 张幻灯片中的表格数据生成一张统计图表。

（3）在第 3 张幻灯片中，制作如样张所示反映学校组织体系的幻灯片，并为不同层次图形填充不同的颜色，结合样张完成。

（4）为演示文稿中幻灯片设置排练计时，使第 1～3 张幻灯片在屏幕上有足够多的停留时间。

提示

本题表格、图表及图示制作均采用对应的幻灯片版式进行设置。

2．打开"8.2\NIT-PowerPoint 模块任务\任务二\素材"文件夹下文稿素材"SC8-2-2.ppt"演示文稿进行如下设置。

（1）为第 1 张幻灯片设置"标题幻灯片"版式。

（2）为第 2 张幻灯片中圆角图形中的文字水平居中对齐。

（3）为所有的幻灯片设置"顺时针回旋，8 根轮辐"的动画方案，声音为"打字机"，每隔 2 秒进行换片。

（4）使用母版修改幻灯片页脚的格式。

（5）参见样张，为第 9 张幻灯片设置一内置的项目符号，100%字高。

（6）在第 3 张幻灯片的右上方任意位置插入一幅剪贴画。

（7）将第 5 张幻灯片中所有的图形进行组合，调整在幻灯片中水平和垂直方向上为居中对齐。

（8）操作后以"YZ8-2-2.ppt"为名保存在此题的样张文件夹下。

提示

第 5 步对图形进行组合后，调整其在幻灯片中的位置方法：选择组合后的图形，单击"绘图"工具栏上的"绘图"按钮，从中选择"对齐或分布"选项，再依次单击选择"相对于幻灯片"、"水平居中"、"垂直居中"选项即可。

模块任务三

1．对"8.2\NIT-PowerPoint 模块任务\任务三\素材"文件夹下的"SC8-2-1.ppt"演示文稿进行如下设置。

（1）为第 3 张幻灯片中的标题设置为超链接，使得单击这些标题，就可切换到对应的幻灯片，并设置强调文字和超链接的颜色为黄色（RGB={255，255，0}），强调文字和已访问的超链接的颜色为粉色（RGB={255，102，255}）。

（2）为第 4 张幻灯片设置自定义动画：标题文字为"出现"进入的动画效果、"按字母"。项目文本为"渐变式缩放"进入的动画效果、"快速"，自定 义动画效果在上一项之后引发。

（3）为"紫叶李"演示文稿中所有幻灯片设置"扇形展开"切换效果，切换速度为"慢速"，声音为"照相机"。

（4）在"紫叶李"演示文稿的第 4～6 张幻灯片中，分别设置　个鼠标移过时返回第 3 张目录幻灯片的动作按钮。

（5）操作完成后以"YZ8-2-1.ppt"为名保存在"8.2\NIT-PowerPoint 模块任务\任务三\样张"文件夹下。

提示

"强调文字和超链接的颜色"与"强调文字和已访问的超链接的颜色"的设置方法：执行"格式→幻灯片设计"，在右侧任务窗格中选择"配色方案"，单击下方的"编辑配色方案"，在打开的"编辑配色方案"对话框中进行设置。

2．打开"8.2\NIT-PowerPoint 模块任务\任务三\素材"文件夹下"SC8-2-2.ppt"演示文稿，完成如下编辑。

（1）为演示文稿中第 1 张幻灯片的标题加着重标记。

（2）为第 1 章幻灯片添加备注："各种花草竞相开放出艳丽的花朵。形容花的颜色、姿态很多。"。

（3）为演示文稿定义一个自定义放映，要求按顺序播放演示文稿中的第 5～16 张幻灯片，并命名为"花的寓意"。

（4）以每页纸打印 3 张幻灯片的讲义方式设置打印"SC8-2-2.ppt"演示文稿。

（5）操作完成后以"YZ8-2-2.ppt"为名保存在"8.2\NIT-PowerPoint 模块任务\任务三\样张"文件夹下。

提示

加着重标记方法：在放映此幻灯片时，右击选择"指针选项"，进行设置。

模块任务四

1．要求如下。

（1）新建一个演示文稿，将"8.2\NIT-PowerPoint 模块任务\任务四\素材"文件夹下"SARS"演示文稿的前 6 张幻灯片插入到当前演示文稿中来，保留源格式。

（2）为所有幻灯片设置背景为预置颜色的第 5 个。

（3）在最后一张幻灯片右下方的插入显示有"返回"字样的动作按钮，使其单击鼠标时超链接到第 1 张幻灯片。

（4）为最后一张幻灯片的正文的文本框改变为一个"八边形"的自选图形，文字水平居中，设置背景为一幅来自"8.2\NIT-PowerPoint 模块任务\任务四\素材"文件夹下的图片"TPGarden.jpg"，图片控制颜色为冲蚀，详见样张。

（5）操作完成后保存在当前文件夹中，以"YZ8-2-1.ppt"为名保存在"8.2\NIT-PowerPoint 模块任务\任务四\样张"文件夹下。

提示

本题第 1 步，新建演示文稿后，执行"插入→幻灯片（从文件）"进行选择设置。

本题第 4 步，将文本框改变为"八边形"自选图形的方法：选择文本框后，单击"绘图"工具栏上的"绘图"按钮，在菜单中选择"改变自选图形"，从级联菜单中选择设置。

2．自制幻灯片，结合样张，练习以下操作。

使用"诗情画意"设计模板创建演示文稿。

（1）第 1 张幻灯片应用"标题幻灯片"版式。

（2）设置标题为"送您一枝康乃馨"，字体为楷体，加粗，倾斜，阴影，字号为 44，颜色为红色。

（3）在第 1 张幻灯片的右下方插入一张来自"8.2\NIT-PowerPoint 模块任务\任务四\素材"文件夹下的图片"TP 康乃馨.jpg"，删除副标题占位符。

（4）插入第 2 张幻灯片，应用"空白"版式。

（5）在第 2 张幻灯片中插入艺术字"母亲节快乐！"，样式为第 1 个，字体为宋体，加粗，倾斜，字号为 80，填充效果为花束，艺术字的形状为"波形 2"，设定为"底部飞入"的动画效果。

（6）在艺术字下方插入一张剪贴画。

（7）将第 1 张幻灯片中的标题文字设置为上部飞入，按字，延时时间为 40 秒。将第 2 张幻灯片中的剪贴画设置为向内溶解，声音为打字机声。

（8）设置第 1 张幻灯片的切换效果为盒状展开，中速，声音为疾驰。第 2 张幻灯片的切换效果为横向棋盘式。

（9）操作完成后保存在"8.2\NIT-PowerPoint 模块任务\任务四\样张"文件夹下，以"YZ8-2-2.ppt"为名进行保存。

NIT 演示文稿模块大作业

总体要求

（1）设计制作一套幻灯片，幻灯片数量不低于 15 张。要求美观大方。设置背景，使用设计模版，添加动画和切换效果。

（2）操作后以自己的名字保存在当前文件夹下。

Nit-PowerPoint 模拟题

模拟题一

1．打开"8.2\NIT-PowerPoint 模拟题\模拟题一\素材"文件夹下的"SC8-2-1.ppt"文件，为演示文稿设置放映及切换方式。参照样张完成。

（1）在第 2 张幻灯片中的标题文字设置超链接，超链接至对应内容的幻灯片。

（2）将第 2 张幻灯片设置为"擦除"的动画方案。

（3）在第 3 张幻灯片中，将所有圆角矩形设置为"伸展"进入的动画效果，快速，"照相机"声音效果；设置最左侧圆角矩形"单击"开始，其余"从上一项之后"开始；为所有右箭头设置为"棋盘"进入的动画效果,单击开始;调整动画顺序,使之与成像过程一致。

(4)为第 1 张幻灯片设置"新闻快报"幻灯片切换,中速。

(5)为第 5 张幻灯片中的组织结构图设置如样张所示的样式。

(6)操作完成后保存在"8.2\NIT-PowerPoint 模拟题\模拟题一\样张"文件夹下,名为 YZ8-2-1.ppt。

2.打开"8.2\NIT-PowerPoint 模拟题\模拟题一\素材"文件夹下的"SC8-2-2.ppt"文件,编辑多媒体演示文稿。参照样张完成。

(1)为第 1 张幻灯片选取标题和图表版式,使用占位符插入一个"分离型三维饼图"类型的图表;输入图表数据表内容("\NIT\NIT-PowerPoint 模拟题\模拟题 "文件夹下的"文档素材 2.doc"中附有数据表的内容);设置不显示图例;数据标签包括"类别名称"和"百分比",类别名称和百分比之间使用空格分隔符;设置三维视图格式为上下仰角 40。

(2)为第 1 张幻灯片的标题文字设置为楷体 GB_2312,字号 36,黄色(RGB{255,204,0})。文字"黄金收购价格(元/克)"为楷体 GB_2312,字号为 18。

(3)在第 1 张幻灯片中的左下角位置,插入一个高 4 厘米、宽 7 厘米的"爆炸型 2"自选图形,图形填充颜色为粉色(RGB={255,0,255}),线条为无色;图形中添加文字"黄金",文字颜色为黄色(RGB={255,255,0}),将图形移至左下角。

(4)为第 2 张幻灯片选取标题和表格版式,使用占位符插入一个 9 行 2 列的表格;输入表格内容见样张;表格第 1 行设置为淡青色(RGB={187,224,227}),半透明背景;设置第一行和第一列中部居中对齐。

(5)为第 2 张幻灯片标题设置为倾斜,阴影。

(6)操作完成后保存在"8.2\NIT-PowerPoint 模拟题\模拟题一\样张"文件夹下,名为 YZ8-2-2.ppt。

提示

设置图表方法:双击图表,进入图表编辑模式,通过单击"图表"菜单或右击图形,在快捷菜单中选择相应的项进行设置。

设置表格方法:右击,选择"边框和填充"进行设置。

3.打开"8.2\NIT-PowerPoint 模拟题\模拟题一\素材"文件夹下的"SC8-2-3.ppt"文件,修饰美化演示文稿。参照样张完成后保存在"8.2\NIT-PowerPoint 模拟题\模拟题一\样张"文件夹下文件名为"YZ8-2-3.ppt"。

(1)应用"Proposal"设计模板修饰所有幻灯片。

(2)为所有幻灯片添加编号,并设置幻灯片起始编号为 2;添加页脚文字"把握幸福"。

(3)第 1 张幻灯片的背景设置为单色,黄色(RGB={255,255,204}),斜上渐变的填充效果。

(4)应用标准配色方案修饰第 8 张幻灯片。

(5)在最后一张幻灯片左下角,添加"正心形"自选图形,填充与线条都为红色,并在自选图形上添加自动更新的日期,日期格式见样张。

提示

幻灯片起始编号在"页面设置"对话框中进行设置。

4.利用已给的"8.2\NIT-PowerPoint 模拟题\模拟题一\素材"文件夹下的"SC8-2-4.ppt"

文件，参照样张，完成综合应用。

（1）新建一个演示文稿文件，从"8.2\NIT-PowerPoint 模拟题\模拟题一\素材"文件夹下的"SC8-2-4.ppt"文件中第 1 页至第 4 页幻灯片插入到新演示文稿中。

（2）在幻灯片母版中，将背景填充效果设置为来自"8.2\NIT-PowerPoint 模拟题\模拟题一\素材"文件夹下的"TP风景.jpg"文件的图片。

（3）将第 2 张幻灯片中右上角的图形改变为"爆炸形 1"，并为图形设置黄色背景、阴影样式 4，阴影颜色设置为棕黑色（RGB={66，39，0}）。

（4）将第 3 张幻灯片的正文行距设置为 1.5 行。

（5）在第 4 张幻灯片中，将组织结构图设置为"菱形"进入的动画效果，并设置"依次每个级别"组合图示动画；设置第 2 级图示动画从上一项之后开始。

（6）将演示文稿以"YZ8-2-4"为文件名，以"设计模板"文件类型保存在"8.2\NIT-PowerPoint 模拟题\模拟题一\样张"文件夹下。

提示

本题第 2 步设置方法：执行"视图→母版→幻灯片母版"，进入幻灯片母版视图，选择"格式→背景"进行选择设置。

5．根据内容提示向导，创建与编辑演示文稿。参照样张完成。

（1）根据"实验报告"内容提示向导创建新演示文稿，保留前 4 张幻灯片，删除其余幻灯片，输入第 1 张和第 3 张幻灯片的相关内容。

（2）设置第 1 张幻灯片标题文字为华文新魏，字号 66。设置第 3 张幻灯片标题文字"实验目的"为黑体，下划线，红色（RGB={255，0，0}）。

（3）在第 2 张幻灯片中，正文的项目符号样式为"①…"，详见样张。

（4）在第 3 张和第 4 张幻灯片中，改变正文的项目符号为一内置图片项目符号，并设置大小为 85%字高。

（5）将演示文稿以"YZ8-2-5"为文件名，以"PowerPoint 放映"文件类型保存在"8.2\NIT-PowerPoint 模拟题\模拟题一\样张"文件夹下。

6．新建一个演示文稿，结合样张进行编辑。

（1）利用已给的"8.2\NIT-PowerPoint 模拟题\模拟题一\素材"文件夹下的"SC8-2-6.ppt"，插入 4 页新幻灯片，并输入幻灯片的内容（来自"8.2\NIT-PowerPoint 模拟题\模拟题一\素材"文件夹下的文档素材"妈妈兴趣班.doc"）中附有幻灯片中的文字内容。

（2）在第 1 张幻灯片中，设置标题文字字体为黑体，字号 60，阴影。颜色红色（RGB={255，0，0}）。为其他幻灯片的标题设置下划线。

（3）在第 1 张幻灯片，参见样张，删除多余的自选图形，设置所有自选图形为垂直居中，等间距分布。

（4）为剩余的 4 个自选图形，设置超链接到对应的幻灯片。

（5）在第 1 张幻灯片中插入来自为"8.2\NIT-PowerPoint 模拟题\模拟题一\素材"文件夹下的图片"TP育儿图片 1.png"，并为其设置超链接到一网址"http://www.ci123.com/"。

（6）利用母版，为每张幻灯片插入一幅图片，来自"8.2\NIT-PowerPoint 模拟题\模拟题一\素材"文件夹下的图片"TP育儿图片 2.jpg"，放置在左上角适当位置。

（7）改变所有项目符号如样张所示，并设置大小为 85%字高。

（8）将演示文稿以"YZ8-2-6.ppt"为文件名保存在"8.2\NIT-PowerPoint 模拟题\模拟题一\样张"文件夹下。

提示

本题第 3 步"设置所有自选图形垂直居中、等间距分布"的方法：选择所有图形后，在"绘图"工具栏上单击"绘图"按钮，在打开的菜单中选择"对齐或分布"选项，分别选择"垂直居中"和"横向分布"即可。

模拟题二

1．打开"8.2\NIT-PowerPoint 模拟题\模拟题二\素材"文件夹下的"SC8-2-1.ppt"进行如下设置。

（1）将幻灯片大小设置为 35 毫米。

（2）为第 1 张幻灯片上的图片添加批注，文字为"在消化管与体壁之间有相当于胚胎期的囊胚腔——假体腔的无脊椎动物。"。

（3）在第 1 张幻灯片右下角添加文本框，文本框文字"2011 年 6 月 5 日星期日制作"，见样张，设置其中的日期为自动更新，移至底部居中的位置。文字颜色为白色。

（4）为第 2 张幻灯片的"上弧形箭头"改变方向。

（5）为第 2、3、4 三张幻灯片设置"升起"的动画方案。

（6）将演示文稿以 YZ8-2-1.ppt 保存在"8.2\NIT-PowerPoint 模拟题\模拟题二\样张"文件夹下。

2．打开"8.2\NIT-PowerPoint 模拟题\模拟题二\素材"文件夹下的"SC8-2-2.ppt"演示文稿，参考样张进行如下设置，完成后保存在"8.2\NIT-PowerPoint 模拟题\模拟题二\样张"文件夹下名为 YZ8-2-2.ppt。

（1）将幻灯片纸张设置 A4 纸张大小。

（2）为第 1 张的标题文字"童年的回忆"设置艺术字，仿宋_GB2312，字号 60，加粗，第 3 行第 4 列式样，山形艺术字形状，很松艺术字字符间距。线条的颜色为"天蓝"，阴影样式 2，略向右移。艺术字高 4 厘米，宽 15 厘米，删除原来的标题，将新设置的艺术字移到合适的位置。

（3）新建一个名称为"儿童节"的自定义放映，顺序放映第 4、5、6 三张幻灯片。

（4）选择自定义放映"儿童节"为幻灯片放映方式，并设置为循环放映。

（5）为最后一张幻灯片中的艺术字设置"陀螺旋"强调的动画效果，360°顺时针，中速，从上一项之后开始，并设置"放大/缩小"强调的动画效果。

（6）在幻灯片母版中，在页脚区添加页脚文字"儿童节"。

3．利用已给的"8.2\NIT-PowerPoint 模拟题\模拟题二\素材"文件夹下的"SC8-2-3.ppt"演示文稿文件，参照样张，完成综合应用，完成操作后保存在"8.2\NIT-PowerPoint 模拟题\模拟题二\样张"文件夹下名为 YZ8-2-3.ppt。

（1）参见样张，在第 1 张幻灯片中，插入来自"8.2\NIT-PowerPoint 模拟题\模拟题二\素材"文件夹下的声音文件"声音素材.mp3"，自动播放。

（2）在第 2 张幻灯片中插入"8.2\NIT-PowerPoint 模拟题\模拟题二\素材"文件夹下的图片"TP01.jpg"，使图片与幻灯片底部对齐，并改变图片的宽度为与幻灯片等宽，设置其位置与样张相同。

（3）在第 3 章幻灯片中，为 4 个图形分别设置"飞入"的动画效果，"自左侧"方向，分别设置"向外溶解"的退出动画效果，动画顺序从左到右依次进入、退出、进入、退出……。

（4）在第 4 张和第 5 张幻灯片中，绘制"折角形"自选图形，并在自选图形上添加幻灯片的编号，移至右下角。

（5）为最后一张幻灯片中的标题设置"回旋"进入的动画效果，动画播放后文字颜色为红色（RGB={255、0、0}）。

（6）为所有的幻灯片设置"横向棋盘式"切换效果，每隔 15 秒的幻片的切换方式。

（7）选择观众自行浏览为幻灯片放映方式，并设置为循环放映。

提示

本题第 2 步"改变图片的宽度为与幻灯片等宽"的方法：首先执行"文件→页面设置"查看一下幻灯片的宽度，然后右击图片，将图片的高度不变，宽度与幻灯片的宽度值设置一样即可。

4. 打开"8.2\NIT-PowerPoint 模拟题\模拟题二\素材"文件夹下文稿素材"SC8-2-4.ppt"，进行如下编辑。

（1）在第 1 张幻灯片中，插入艺术字"最完美的人生是怎样？"，4 行 3 列的艺术字样式，高 1.5 厘米，宽 16 厘米，旋转 2°，设置艺术字距幻灯片左上角水平 3.5 厘米，垂直为 2.7 厘米。

（2）为十字星图形设置填充颜色为浅蓝，三维样式 19，并参照样张改变三维方向。

（3）在第 3 张幻灯片中，为右上角图片设置灰度颜色。为左下角图片设置金色，短划线，5 磅线条，对比度为 65%，亮度增加 3 个级别。

（4）在第 5 张幻灯片中，为备注页输入如下文字。

> 如果你能追求到既成功又幸福快乐的人生，是最完美的！
> 如果你不能追求到成功的人生，
> 那又有什么关系呢，你还可以追求快乐幸福的人生，
> 但是一定要背上"爱"的背囊上路。

（5）为所有幻灯片添加编号和自动更新日期。

（6）将演示文稿以"YZ8-2-4.ppt"为名，保存在当前文件夹下。

提示

本题第 5 步"为备注页输入文字"的方法：首先选择第 5 张幻灯片，然后执行"视图→备注页"，在"单击此处添加文本"框中输入文字即可。

5. 打开"8.2\NIT-PowerPoint 模拟题\模拟题二\素材"文件夹下文稿素材"SC8-2-5.ppt"演示文稿文件，编辑多媒体演示文稿，参见样张完成后保存在此题对应的样张文件夹下名为"YZ8-2-5.ppt"。

（1）设置第 1 张幻灯片的标题文字为"空翻"的进入动画效果，20%字母之间延时的增强效果。

（2）在第 1 张幻灯片的右下角，绘制一个信封图形，并组合该图形，该图形 RGB 取值为 R=255，G=153，B=0 和白色双色斜上渐变填充效果。

（3）在第 2 张幻灯片中，选取"标题和图示或组织结构图"版式。

（4）在第 2 张幻灯片中，使用占位符插入一个射线图，参照样张，完成该射线图的插入形状，输入相关文字内容；设置射线图文字为黑体，字号 14，加粗，设置图示样式为"粗边框"。

（5）在第 3 张幻灯片中，使用图表占位符插入一个"簇状柱形图"类型的图表；输入图形数据表的内容（"8.2\NIT-PowerPoint 模拟题\模拟题二\素材"文件夹下"邮箱.doc"中附有数据表的内容）；设置分类（X）轴文字字体为黑体；分类轴的标题为"邮箱类型"，数值轴的标题为"季度"，字号都为 22。设置图例在底部；其他设置参见样张。

（6）在幻灯片母版中，插入来自"8.2\NIT-PowerPoint 模拟题\模拟题二\素材"文件夹下"TP 信.jpg"的图片文件，设置图片大小为高度 2.8 厘米，宽度 4 厘米。并移至幻灯片的左上角。

6．创建与编辑演示文稿，参照样张完成后保存在"8.2\NIT-PowerPoint 模拟题\模拟题二\样张"文件夹下，名为"YZ8-2-6.ppt"。

（1）新建一个演示文稿，从"8.2\NIT-PowerPoint 模拟题\模拟题二\素材"文稿素材"我的大学生活.ppt"演示文稿中选取指定（12357911）的几张幻灯片，选择保留源格式，插入到新演示文稿中。

（2）根据样张，为第 1 张幻灯片选取标题幻灯片版式，删除副标题占位符。

（3）将第 1 张幻灯片中文本框中的文字居中。文本框的形状改变为"爆炸型 2"，设置填充效果（图片来自"8.2\NIT-PowerPoint 模拟题\模拟题二\素材"\TP 插图 1.jpg"），旋转-10°。

（4）在第 2 张幻灯片中，为图示设置"飞入"的进入动画效果，快速，并设置"顺时针-向外"组合图示动画，延时 2 秒。

（5）将第 2 张幻灯片的背景设置为雨后初晴。设置第 1 张幻灯片的背景来自"8.2\NIT-PowerPoint 模拟题\模拟题二\素材"文件夹下的图片"TP 插图 2.jpg"的填充效果。

（6）在第 7 张幻灯片中，添加如样张所示的动作按钮，鼠标单击时超链接到第 2 张幻灯片，声音为风铃。

参考文献

[1] 廖望. Internet 技术与应用[M]. 北京：冶金工业出版社，2005

[2] 丛书编委会. 计算机常用工具软件[M]. 北京：清华大学出版社，2006

[3] 王秀玉. Internet 基础与应用[M]. 南京：南京大学出版社，2007

[4] 许晞. 计算机应用基础[M]. 北京：高等教育出版社，2007

[5] 周宣. 计算机应用基础[M]. 北京：机械工业出版社，2006

[6] 张洪星，李志梅. 信息技术基础教程（第 3 版）[M]. 北京：电子工业出版社，2006